Strawbotics 吸管機器人創意設計

學機構設計與機電整合原理

賴鴻州 編著

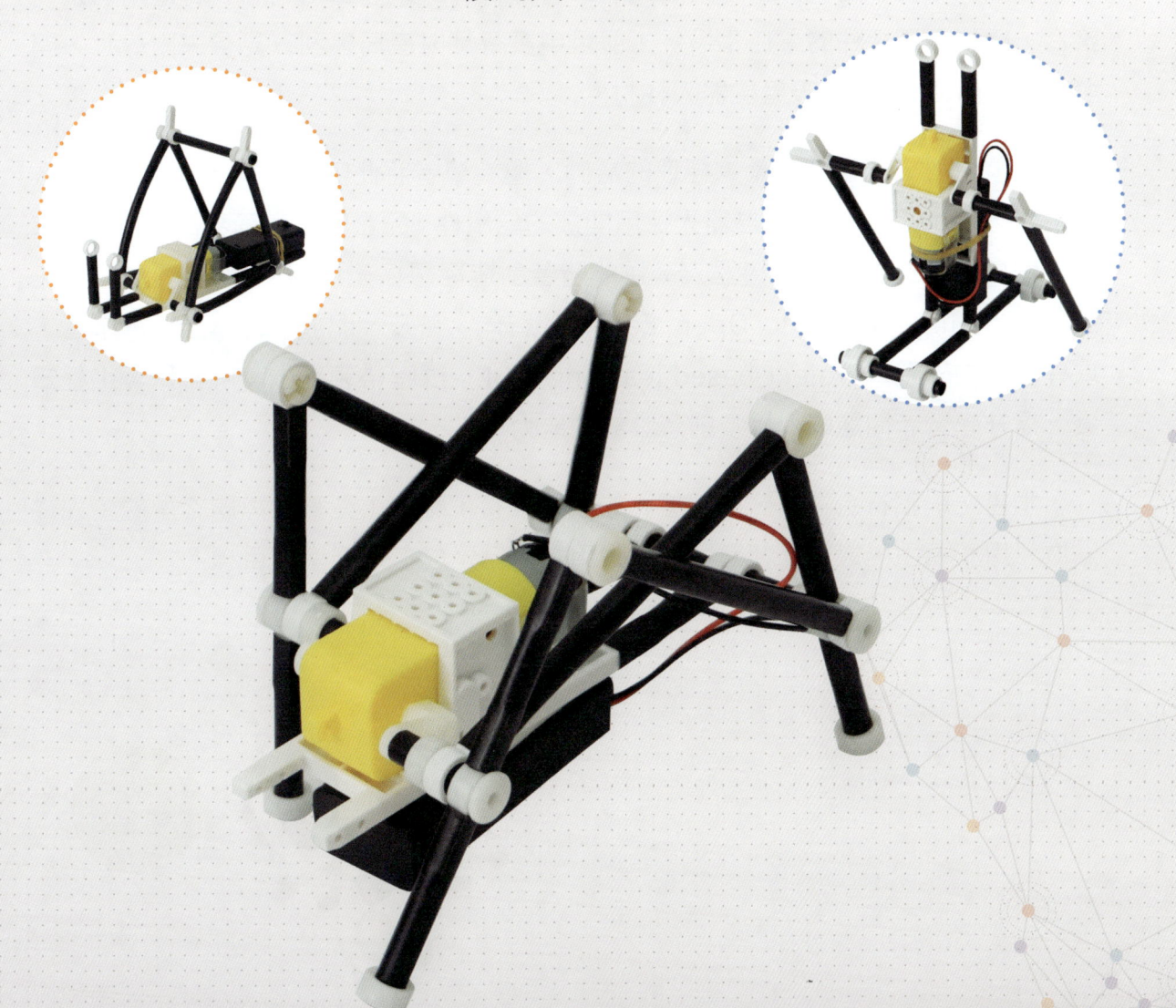

編輯大意

如何使用吸管機器人應用於生活科技課程？

　　在十二年國教108新課綱科技領綱精神中，指出在國民中學教育階段的生活科技課程需著重於「創意設計」，透過各年級的動手做專題課程，運用簡單機具和材料處理，加入對新興科技的認識與未來科技的發想，包含知識內容的涵養以及動手做，達到培養「做、用、想」核心素養的目的。

　　為達成學習科技與應用之機構與結構的設計，培養機電整合原理、設計與應用等內涵，提供學習者以最簡便的素材來完成創意設計的目的，筆者以最容易取得，最平價的TT馬達作為動力來源，開發了機構設計的基礎傳動連接零件，希望讓學習者有方便的素材可取用。適逢林啟政老師利用回收吸管與連接件原型，設計出了機器人的創意教案，這些教案具有組裝容易、學習內容極富創意性，可延伸許多變化等特點，吸引了國內外創客的關注。筆者徵得林啟政老師的同意，將這兩個系列整合，繼續做連接件的最佳化設計，並且申請智慧財產局專利（見書末附錄），開發成「Strawbotics」吸管機器人教材。

　　承蒙台科大圖書范文豪總經理的認同，邀請筆者將此吸管機器人納入iPOE教材系列，Strawbotics吸管機器人採用開放的結構件，配合吸管與簡易的控制模式，可以輕鬆組裝與改變吸管機器人，並能隨著創造發想擴充使用。這也是基於iPOE系列（Intelligent, Public, Open, Easy）的智能、普及、開放、輕鬆上手等宗旨，以專題導向學習（Project-based learning, PBL）課程帶領學生瞭解科學與工程知識，提升學習者問題解決以及創意設計的能力。

　　本書之編輯符合「做、用、想」的核心素養，藉由小型實作專題之型態，先從「做、用」著手，最後延伸至發想與應用，輕鬆達成各單元學習目標。

本書共分成五章：

Chapter 1　連桿機構的組成
　　介紹機件、機構、機械與結構的定義與區分，並且說明使用吸管與連接件來製作連桿機構的便利性。

Chapter 2　機械與機構專題——仿生機構機器人
　　介紹最輕便、快速組裝，又饒富創意變化的吸管仿生機器人，共有 10 個實作模型，讀者也可以自行設計，組裝更多造型與功能的仿生機器人。

Chapter 3　生動的連動機構——Automata
　　使用吸管構件也可以製作生動的連動機構，讀者可以參考 5 種實作範例，設計自己的連動機構。

Chapter 4　吸管機構機器人的進階控制應用
　　介紹使用不同的動力來源與控制模式的吸管機器人，例如使用風動力的連動機構（whirligig），以及四路線控控制雙馬達驅動的六足吸管機器人。最後介紹如何使用手機藍牙遙控吸管機器人，分為 iOS、Android 兩種智慧手機遙控的藍牙控制器模式，可以控制 2 個直流馬達與 2 個角度伺服馬達，不同的控制模式都饒富創意與樂趣。

Chapter 5　機構設計與模擬軟體——Linkage
　　Linkage 是一個免費的電腦輔助設計程式，程式僅有 5M 大小，用於連桿機構的快速原型設計。Linkage 是由 David M. Rector 所設計，透過增加連桿並將其連接到機構中的其他連桿組合，可輕易地「拼湊」出各種連桿機構。Linkage 可以在同一視窗中進行編輯和動作模擬，以便在設計時進行快速分析和修改。筆者已取得原創作者 David M. Rector 同意引用與推廣，介紹使用 Linkage 做機構設計與分析。

　　108 課綱的生活科技課程強調整合、設計、實作與專題導向等面向，本教材以動手實作，有效活用素材並兼具整合思考與設計分析等特色，期望能對學習科技與應用之機構與結構的設計，培養機電整合原理的設計與應用等內涵有些許貢獻。

賴鴻州　謹識

目錄

Chapter 1　連桿機構的組成

一、連桿機構的相關名詞定義　　2
二、連桿的製作　　4
三、零件總表與吸管連桿之組裝說明　　5

Chapter 2　機械與機構專題——仿生機構機器人

★ 本章實作搭配「吸管機器人十合一教具箱」

一、吸管機器人十合一教具箱介紹　　12

機構實作 1 四足行走機器人：L 形連桿　　13
機構實作 2 四足行走機器人：交叉連桿　　16
機構實作 3 二足行走機器人：太空漫步　　19
機構實作 4 爬竿猴子　　22
機構實作 5 不倒翁　　25
機構實作 6 四足行走機器人：W 形連桿　　29
機構實作 7 尺蠖　　32
機構實作 8 蟲蟲危機　　35
機構實作 9 戰鬥蝸牛　　38
機構實作 10 六足行走機器人　　41

實作題　　45

Chapter 3　生動的連動機構——Automata

★ 本章實作搭配「手動連動機構套件包」

一、機構動作的規畫設計　　　　　　　　　　　　　　　　　　48
二、手動連動機構套件包介紹　　　　　　　　　　　　　　　　50
　　機構實作 11　揮揮手 (1)　　　　　　　　　　　　　　　　51
　　機構實作 12　揮揮手 (2)　　　　　　　　　　　　　　　　55
　　機構實作 13　小騎士　　　　　　　　　　　　　　　　　　58
　　機構實作 14　小獵犬　　　　　　　　　　　　　　　　　　61
　　機構實作 15　以吸管連桿與自做的凸輪組裝更多趣味的連動機構　64
實作題　　　　　　　　　　　　　　　　　　　　　　　　　　66

Chapter 4　吸管機構機器人的進階控制應用

★ 本章實作搭配「風動力機構套件包」、
　　　　　　「四路線控器套件包」、「手機藍牙遙控套件包」

一、風動力機構　　　　　　　　　　　　　　　　　　　　　　68
二、風動力機構套件包介紹　　　　　　　　　　　　　　　　　69
　　機構實作 16　風動力六足機器人　　　　　　　　　　　　　70
三、風動力連動機構的應用與創作　　　　　　　　　　　　　　74
　　機構實作 17　釣魚熊　　　　　　　　　　　　　　　　　　74
　　機構實作 18　工作者　　　　　　　　　　　　　　　　　　79
四、機器人運動與控制模式　　　　　　　　　　　　　　　　　83
　　一　雙馬達吸管機器人與四路線控盒　　　　　　　　　　　83
　　　　機構實作 19　雙馬達六足機器人　　　　　　　　　　　84
　　二　使用線控盒操控雙馬達驅動的六足機器人　　　　　　　87
　　三　四路線控盒設計原理與電路圖　　　　　　　　　　　　87
　　四　四路線控器組裝步驟　　　　　　　　　　　　　　　　88

v

五、手機藍牙遙控──進階吸管機器人　　91
　　機構實作 20　手機藍牙遙控：鍬形蟲　　93
六、手機藍牙控制模組 MCO 介紹　　97
七、App 操作介面：以 SSELTO create 的控制吸管鍬形蟲為例　　98
實作題　　102

Chapter 5　機構設計與模擬軟體──Linkage

一、Linkage 介面外觀　　104
二、Linkage 功能表與工具列　　105
三、Linkage 設計與模擬操作區　　107
四、Linkage 設計與分析模擬範例　　114
　　範例 1　4 連桿機構：曲柄搖桿機構　　114
　　範例 2　揮揮手：曲柄搖桿機構的應用設計　　117
　　範例 3　4 連桿機構：擺動滑塊曲柄機構　　119
　　範例 4　4 連桿機構：旋轉滑塊曲柄機構　　121
　　範例 5　騎自行車　　124
　　範例 6　六足機器人機構設計　　129
五、從上到下的連動機構設計　　130
　　範例 7　飛奔的駿馬　　131
六、Linkage 的使用限制　　136

附　錄　　中華民國專利證書　　138

本書提供實作相關檔案，請至本公司網站（http://www.tiked.com.tw）於首頁的關鍵字欄輸入本書相關字（例如：書號、書名、作者或 ISBN）進行書籍搜尋，尋得該書後即可下載檔案內容。

吸管機器人　機構實作成品圖

實作 1　四足行走機器人：L 形連桿　P.13	實作 2　四足行走機器人：交叉連桿　P.16
實作 3　二足行走機器人：太空漫步　P.19	實作 4　爬竿猴子　P.22
實作 5　不倒翁　P.25	實作 6　四足行走機器人：W 形連桿　P.29
實作 7　尺蠖　P.32	實作 8　蟲蟲危機　P.35
實作 9　戰鬥蝸牛　P.38	實作 10　六足行走機器人　P.41

實作 11　揮揮手（1） P.51	實作 12　揮揮手（2） P.55
實作 13　小騎士 P.58	實作 14　小獵犬 P.61
實作 15　以吸管連桿與自做的凸輪組裝更多趣味的連動機構 P.64	實作 16　風動力六足機器人 P.70
實作 17　釣魚熊 P.74	實作 18　工作者 P.79
實作 19　雙馬達六足機器人 P.84	實作 20　手機藍牙遙控：鍬形蟲 P.93

Chapter 1

連桿機構的組成

　　機構（Mechanism）是兩個或兩個以上的機件組成，當動一機件，使其他機件隨之做預期的運動。連桿機構是指構件都是以連桿方式組合的機構，各個構件至少應有兩處以樞軸方式與其相聯件連接，並產生相互運動，作為運動方式與運動方向的轉換。此種構件，不論是否為桿條形，通稱為連桿。由多個連桿所組成之組合，能夠依預期之方式運動，稱為連桿機構。本教材使用最簡單的吸管，配合專利設計的連接件，組裝成一根根的連桿，吸管可以隨時配合需要裁剪調整長度，快速地做出各種型式的連桿機構，透過實際動手做，去體驗有趣的連桿機構應用。本書將以實作範例說明各種連桿的名稱與動作特性。

一、連桿機構的相關名詞定義

我們日常生活中的各項用品、交通運輸工具等，都是由許多機械、機構與結構來組成，以下以簡單的基礎知識來區別定義。

1. 機件

機械中單獨的一件機械元件，稱為機件（machine parts）。機件是構成機械的基本要素，其種類繁多，例如齒輪、鏈輪、皮帶輪、凸輪、螺栓螺帽、連桿等。

2. 機構

兩個或兩個以上的機件組合體，當其中一機件運動，會帶動其他機件做預期的相對運動或限制運動者，稱為機構（mechanism）。

3. 機械

我們所稱為的「機器」，是由二個或兩個以上的機構所組成，可接受外來的能，而將能轉換為功，並且能達成一定的預期動作，以執行某種任務的設備稱為機械（machine）。

4. 連桿機構

連桿機構是指構件都是以連桿方式組合，各個構件至少應有兩處以樞軸方式與其相聯件連接，並產生相互運動，作為運動方式與運動方向的轉換。此種構件，不論是否為桿條形，通稱為連桿（link）。由多個連桿所組成之組合，稱為連桿裝置或連桿機構（linkage）。

5. 結構

連桿組合可以產生一定的運動，才能稱為連桿機構。而不能產生運動者，稱為結構（structure）。結構在工程應用上，以承受某種負荷為主，如建築、橋梁、鋼架等。

連桿機構在日常機械與用具上的應用相當廣泛，例如汽車轉向機構（圖1-1）、利用平行連桿的頂車機、電扇左右擺動機構等。

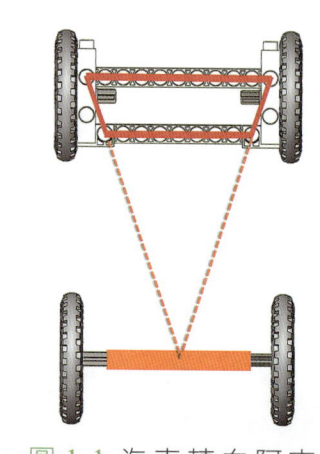

● 圖1-1 汽車轉向阿克曼機構的模型

連桿機構的種類非常多，從輸入動力方式來區分，可分為旋轉運動（例如馬達）、直線運動（例如液壓缸）與擺動等，由不同長度與組合，構成多變化輸出的連桿機構。如圖 1-2 為 4 連桿機構的曲柄搖桿機構，驅動的曲柄做旋轉運動。圖 1-3 為挖土機的連桿，動力是直線運動的液壓缸。

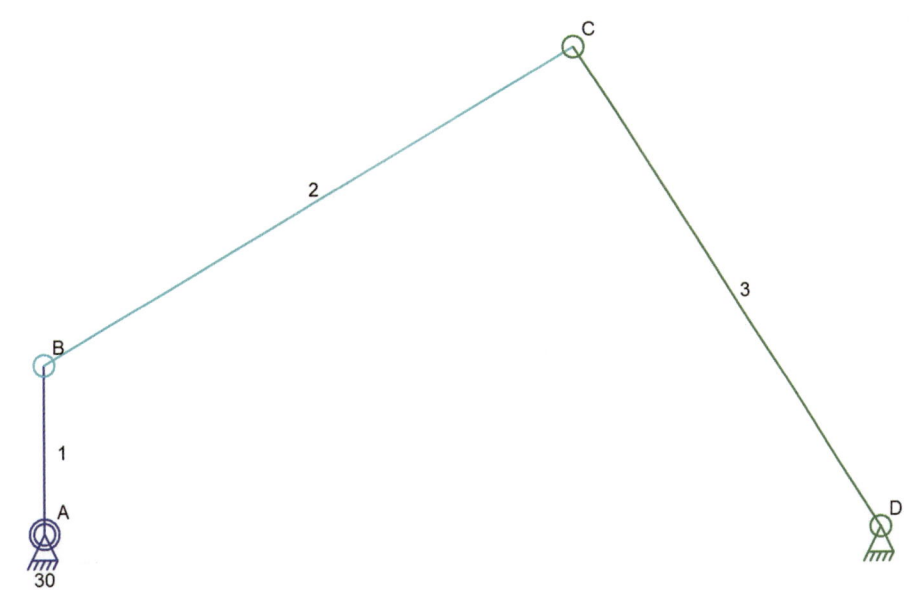

● 圖 1-2　曲柄搖桿機構，A、D 之間稱為機架或是地面（Ground），是第 4 個連桿

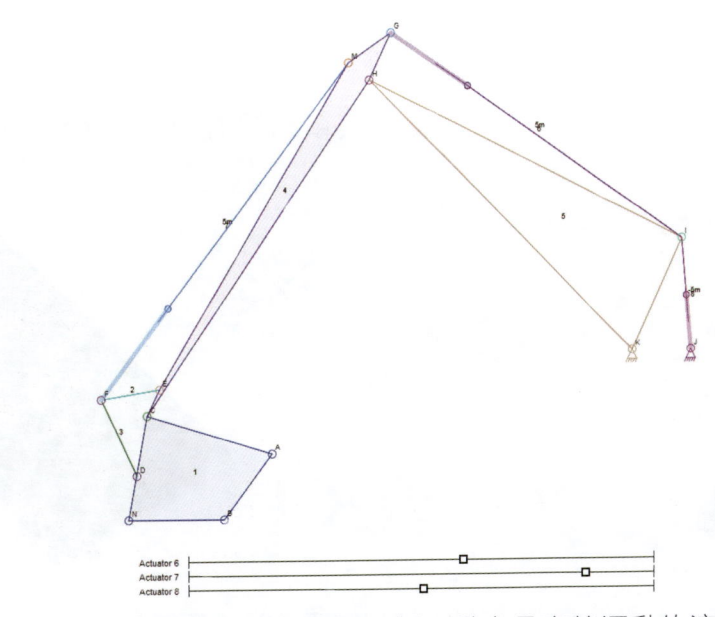

● 圖 1-3　挖土機的連桿模擬分析，動力是直線運動的液壓缸

Strawbotics 吸管機器人創意設計

二、連桿的製作

連桿的構件至少應有兩處以樞軸方式與其相聯件連接,並產生相互運動,作為運動方式與運動方向的轉換。此種構件,不論是否為桿條形,通稱為連桿(link)。我們可以使用各種具有一定剛性的材料來製作連桿件,例如鋼條、鋁擠型,或是木材、冰棒棍等,可依照不同的使用目的,選用適合的材料。

本教材使用最簡單的吸管,配合專利設計的連接件,組裝成一根根的連桿,如圖 1-2 所示。吸管可以配合需要裁剪以調整長度,快速地做出各種型式的連桿機構,透過實際動手做,體驗有趣的連桿機構應用。從第 2 章開始,我們將以實作範例來說明各種連桿的名稱與動作特性。

吸管由 PC 塑膠抽製,質地輕薄,但也因為被大量使用而造成環境的負擔。本教材將吸管另作他用,透過特殊設計的連接件將吸管結合,構成一根根的連桿。它的兩端形變為方形體,成為具有極高強度/質量比的連桿構件。此外,另外設計成內六角形狀的套環,讓吸管可以有少許直徑誤差,穿過吸管後,讓吸管部位形變頸縮成六角型,達到定位的作用(圖 1-4)。

這些連接件組裝輕鬆,使用可回收的吸管創作,能隨時拆裝、調整與重建。雖然零件是塑膠產品,但仍然能符合綠色設計的核心價值「3R」──即減量化(Reduce)、回收(Recycle)與重複使用(Reuse)。

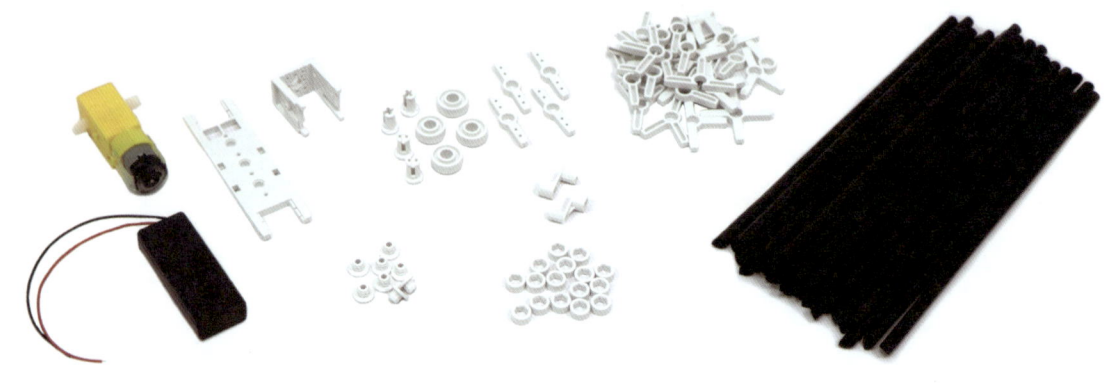

● 圖 1-4　本教材所使用吸管、連接件與套環

Chapter 1 連桿機構的組成

 ## 三、零件總表與吸管連桿之組裝說明

一 零件總表

本教材所搭配之各種吸管機器人套件包,其零件與功能說明如表 1-1 所示。

● 表 1-1　零件與功能說明

零件名稱	圖例	功能說明
TT 馬達盒		快速組合 TT 馬達,馬達盒延伸吸管連結部位與其他螺絲釘固定孔。
馬達驅動臂		連接 TT 馬達心軸,做偏心旋轉的曲柄,其專利設計的多角結構與倒鉤,有降低吸管鬆脫的作用。
O 環		套於吸管外緣,其專利設計的內多角結構,可以容許吸管外徑有少許偏差,並形成吸管頸縮以固定位置。
端面扣釘		結合於吸管端面內緣,其專利設計的多角結構與倒鉤,有降低吸管鬆脫的作用。
1 叉接頭		連結吸管兩端,與吸管構成連桿,圓孔做為連接軸孔。
2 叉 90 度接頭		連結兩吸管,與吸管構成轉角連桿,圓孔做為連接軸孔。
2 叉 180 度接頭		連結兩吸管構成連桿,圓孔做為連接軸孔。

5

Strawbotics 吸管機器人創意設計

零件名稱	圖例	功能說明
3 叉 90 度接頭		連結三吸管構成連桿，圓孔可做為連接軸孔。
4 叉接頭		可連結四吸管構成連桿，圓孔可做為連接軸孔。
3 叉 144 度接頭		可連結三吸管構成連桿，變換連桿角度，圓孔可做為連接軸孔。
3 叉 72 度接頭		可連結三吸管構成連桿，變換連桿角度，圓孔可做為連接軸孔。
平行 3 叉接頭		連結兩平行吸管構成連桿，圓孔可做為連接軸孔，也可連接三吸管。
關節扣釘		兩連桿軸孔活動關節的快速連接。
滾輪 16mm		做結構的自由滾動輪使用。
大皮帶輪		插入 TT 心軸做為旋轉手輪，盤面設計有相容 lego 孔位，可做偏心輪。直結 TT 馬達，可做為車輪、偏心輪。
大皮帶輪 O 環		套於大皮帶輪，可做為車輪使用。

零件名稱	圖例	功能說明
TT 心軸 18mm		手動傳動手輪，馬達驅動臂。
滑塊		機構滑塊，底部配合滑塊扣釘、圓孔與吸管形成機構的滑動對，滑塊可裝配於底板、大皮帶輪等部位。
滑塊扣釘		小徑相容 lego 孔位，大徑配合吸管連接件。可裝配於機構滑塊，或將吸管機構轉接於 lego 零件上。
TT 吸管接頭		一端連接 TT 心軸，另一端則接吸管，用於 TT 馬達直接延長驅動，或連接具有 TT 接口的零件使用。
TT 傳動曲柄		連接 TT 馬達心軸，做偏心旋轉的曲柄，距離以鎖螺絲的孔距為曲柄半徑。
風扇組合零件		使用風作為動力源，由扇葉支架、5 片葉片與 5 片固定片構成，心軸一端可以直接連接 6mm 吸管，另一端為 TT 心軸接口。
夾爪總成		使用 GS90 9g 伺服馬達，包含伺服馬達座、驅動齒輪臂、延伸夾爪、轉接扣釘等，用於進階的藍牙遙控模型應用。側孔相容 lego 之孔位可擴大應用與共通使用性。

Strawbotics 吸管機器人創意設計

零件名稱	圖例	功能說明
伺服馬達旋轉動台		使用 SG90 9g 伺服馬達，包含伺服馬達座、底面平台、舉昇手臂、轉接扣釘等，用於進階的藍牙遙控模型應用，且可擴展不同型態的伺服馬達應用。 側孔相容 lego 之孔位可擴大應用與共通使用性。
TT 馬達（1:48）		TT 馬達 1:48 雙出軸。
帶開關電池盒（AAA*2）		使用 4 號 AAA 電池 2 顆。
6mm 吸管		依連桿長度需求修剪。

二 吸管連桿組裝訣竅

材料包所提供的 6mm 吸管，其尺寸穩定，組裝穩固。這兩者零件配合組裝使用，幾乎不需膠黏，即能輕鬆並穩固地組合吸管連桿與各種造型。

您也可以使用回收吸管製作，但請挑選直徑 6mm 的吸管，您可以使用零件「O 環」試套吸管尺寸，吸管必須能順利穿過且不易移動，鬆緊適中即可，如圖 1-5（A）、（B）所示。組裝訣竅如下：

1. 我們在機構實作範例的組裝圖示上標註了製作各連桿的吸管長度，供讀者參考。

2. 組裝連桿時，連接件與吸管需組裝到底，請置於桌面組裝，讓前後連接件保持平行，如圖 1-5（C）組裝圖示。

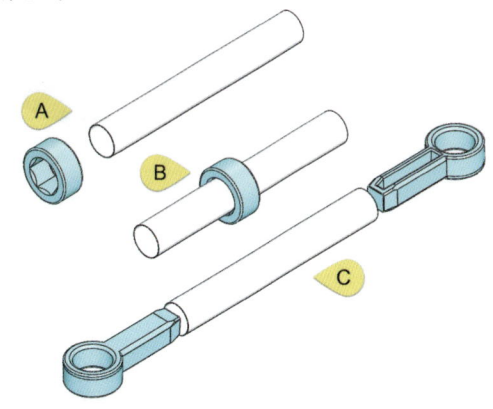

● 圖 1-5　吸管連桿與連接件的組裝

3. 馬達盒設計了快速組裝的卡榫，先定位馬達凸緣（A 部位），再卡上後方的卡榫（B 部位），前方卡榫（C 部位）向下按，即可輕鬆完成組裝（圖 1-6）。

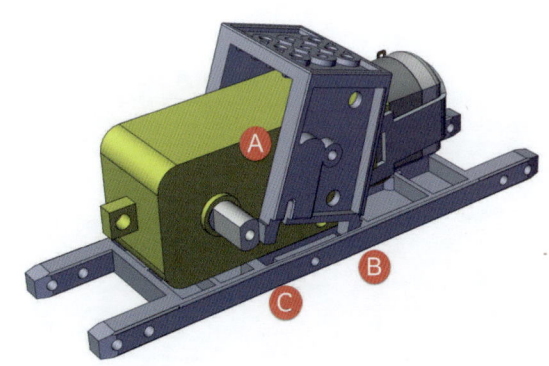

● 圖 1-6　馬達組裝

4. 如需拆開時（例如馬達轉向相反時），可使用平口小起子，插入底面卡榫（A、B部位），往外拉底板，可以一次分離一邊的卡榫，完成馬達盒拆卸（如圖1-7）。

● 圖 1-7　馬達盒拆卸

Chapter 2

機械與機構專題──
仿生機構機器人

　　仿生機構機器人，顧名思義，就是模仿生物的形態、構造、運動及行為模式的機器人。本章我們採用吸管做為素材，組裝各種應用非輪系的運動機構來模擬生物運動形態的仿生機器人。例如以曲柄連桿組為基本形態的四連桿機構，依連桿能否做全周旋轉或搖擺來區分，可得到三種基本形態，即曲柄搖桿機構、雙搖桿機構、雙曲柄機構。其他的四連桿機構，都是這三種基本形態的變形應用。

　　本章使用單馬達作動力來源，傳動驅動臂的曲柄做全周旋轉，帶動各種型態的連桿機構，每種形態的仿生機器人都十分生動有趣。

Strawbotics 吸管機器人創意設計

一、吸管機器人十合一教具箱介紹

本章機構實作 1～機構實作 20 須搭配「吸管機器人十合一教具箱」學習，教具箱之內容物介紹如下。

零件名稱	圖例	數量	零件名稱	圖例	數量
O 環		16	馬達驅動臂		2
2 叉 90 度接頭		4	3 叉 90 度接頭		2
2 叉 180 度接頭		4	端面扣釘		6
1 叉接頭		20	4 叉接頭		2
3 叉 144 度接頭		4	3 叉 72 度接頭		2
TT 馬達盒		1	關節扣釘		4
滾輪 16mm		4	TT 馬達（1:48）		1
帶開關電池盒（AAA*2）		1	吸管 30 支		30

※「吸管機器人十合一教具箱」請洽勁園・紅動購買。

12

Chapter 2　機械與機構專題──仿生機構機器人

機構實作 1　四足行走機器人：L 形連桿

由曲柄帶動的浮桿，形狀像 L 形，結構最簡單，為曲柄搖桿機構的應用。

準備材料

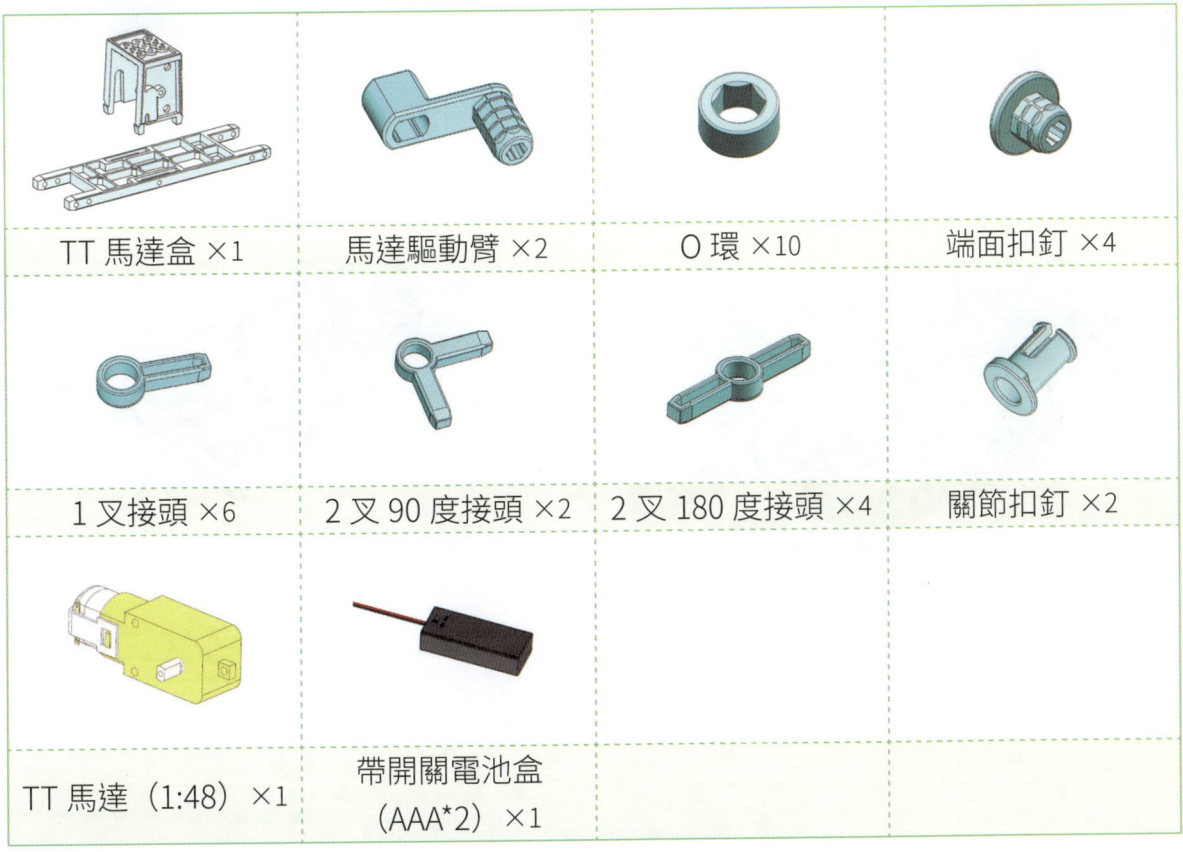

TT 馬達盒 ×1	馬達驅動臂 ×2	O 環 ×10	端面扣釘 ×4
1 叉接頭 ×6	2 叉 90 度接頭 ×2	2 叉 180 度接頭 ×4	關節扣釘 ×2
TT 馬達（1:48）×1	帶開關電池盒（AAA*2）×1		

13

吸管

吸管直徑 / 長度	數量	吸管直徑 / 長度	數量
6 mm / 8 cm	3	6 mm / 4 cm	2
6 mm / 3 cm	8	6 mm / 2 cm	2

組裝步驟

Step1 ▶
Ⓐ 接上電源線與電池；
Ⓑ 確定馬達往前方旋轉；
Ⓒ 蓋上上蓋。如果轉向相反，將馬達水平翻轉180度再蓋上上蓋組合即可。

Step2 ▶ 可以使用雙面膠、束帶、橡皮筋或熱熔膠將電池盒固定於底座。

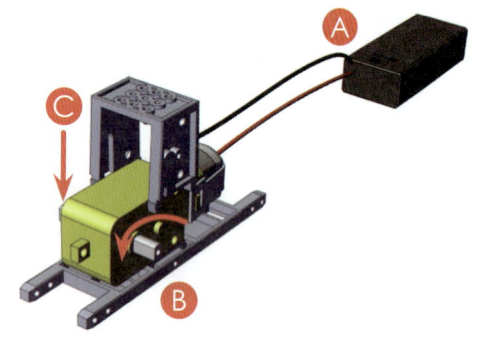

Step3 ▶ 組裝後足。

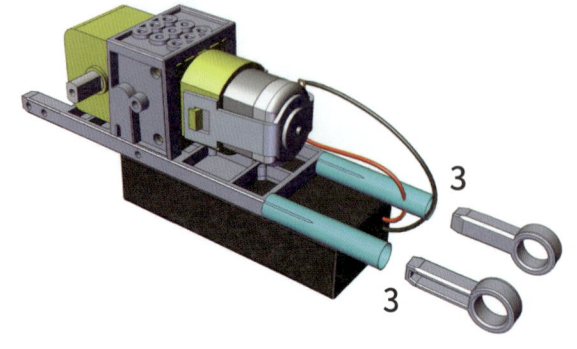

Step4 ▶ 使用8cm吸管，穿過機架。

Step5 ▶ 組裝驅動臂與 2cm 吸管，後方軸套上 4 個 O 環。

Step6 ▶ 驅動臂套上 O 環。

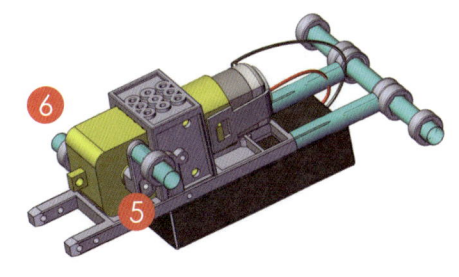

Step7 ▶ 各組裝 2 組前足與後足。

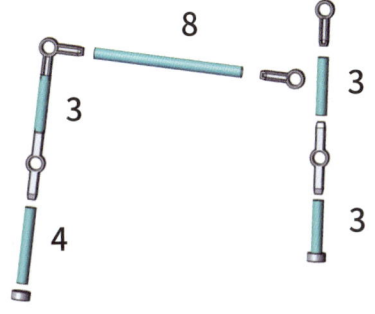

Step8 ▶ 使用端面扣釘與關節扣釘連接前後足連桿。

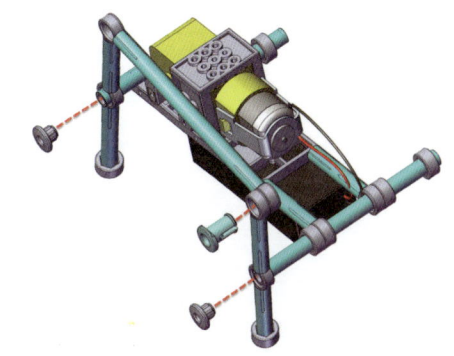

Step9 ▶ 另一邊以鏡射方式組裝。

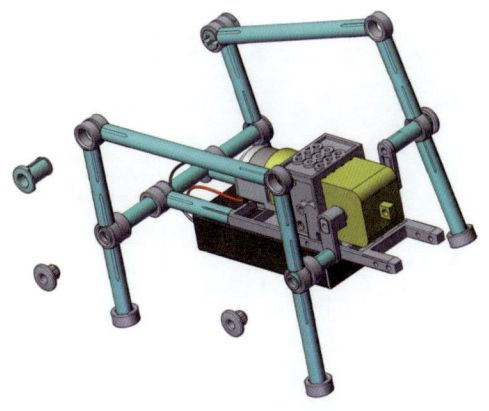

Step10 ▶ 完成。

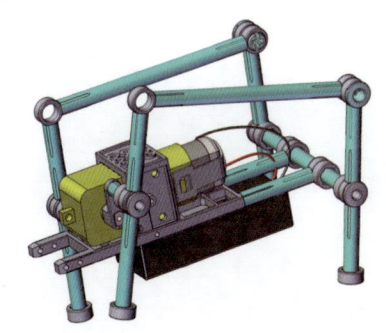

Strawbotics 吸管機器人創意設計

 **機構實作 2**　　　　**四足行走機器人：交叉連桿**

　　機器人前後足之間，以交叉的連桿相連結，這種交叉連桿機構的四足行走機器人，其行走的平穩度較 L 型連桿的機器人高。

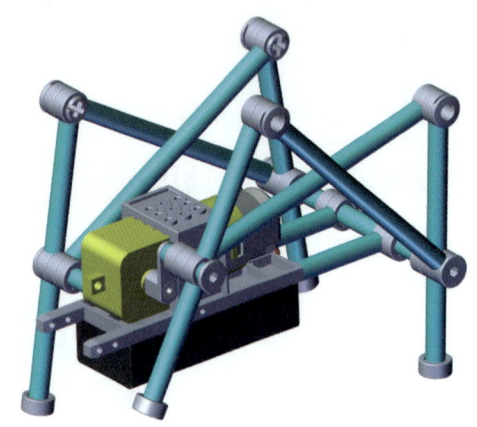

準備材料

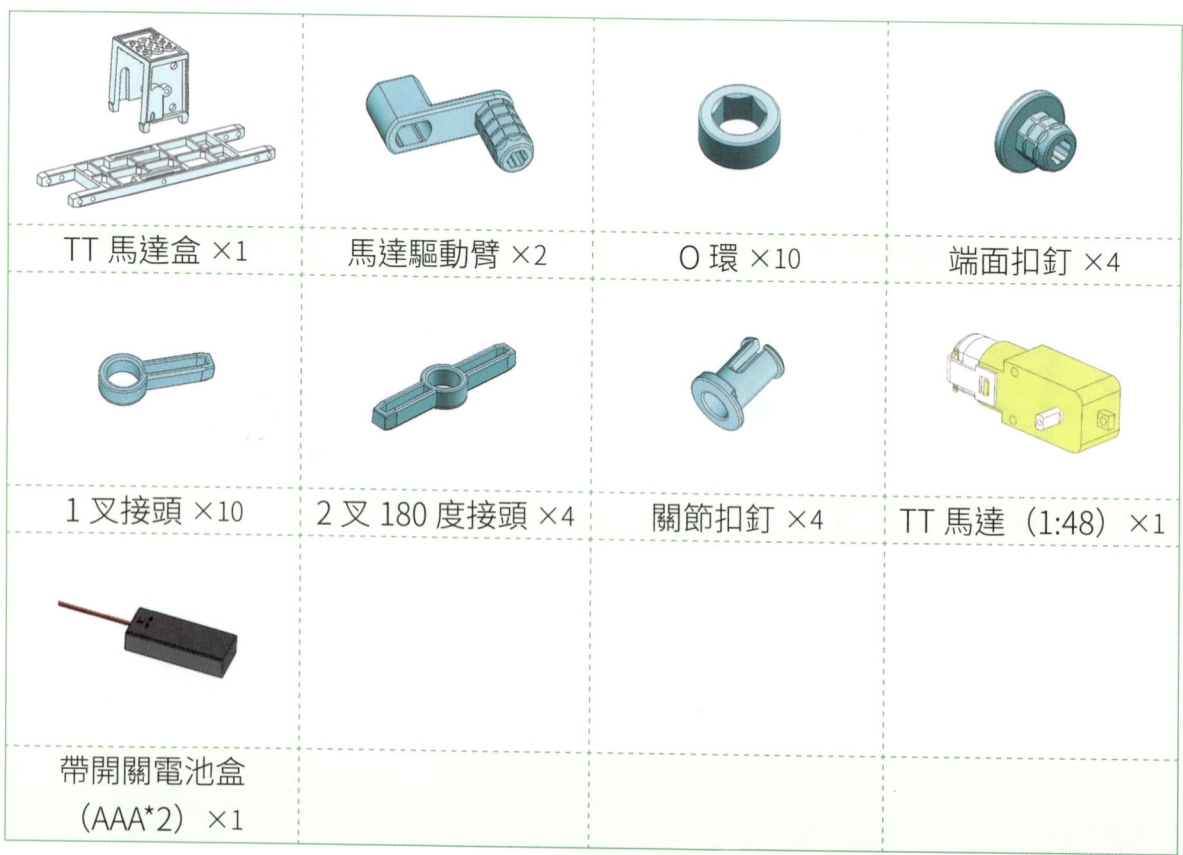

TT 馬達盒 ×1	馬達驅動臂 ×2	O 環 ×10	端面扣釘 ×4
1 叉接頭 ×10	2 叉 180 度接頭 ×4	關節扣釘 ×4	TT 馬達（1:48）×1
帶開關電池盒（AAA*2）×1			

吸管

吸管直徑 / 長度	數量	吸管直徑 / 長度	數量
6 mm / 8.5 cm	5	6 mm / 4 cm	6
6 mm / 3 cm	4	6 mm / 2 cm	2

組裝步驟

Step1▶ Ⓐ 接上電源線與電池；
Ⓑ 確定馬達往前方旋轉；
Ⓒ 蓋上上蓋。如果轉向相反，將馬達水平翻轉180度再蓋上上蓋組合即可。

Step2▶ 可以使用雙面膠、束帶、橡皮筋或熱熔膠將電池盒固定於底座。

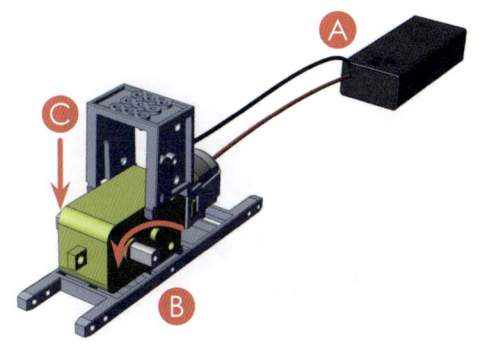

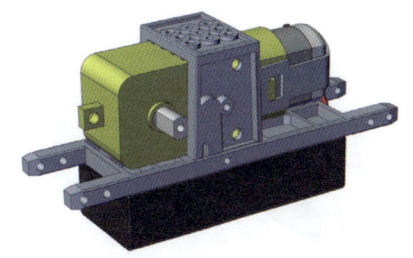

Step3▶ 使用 3cm 吸管組裝支架。

Step4▶ 組裝驅動臂。

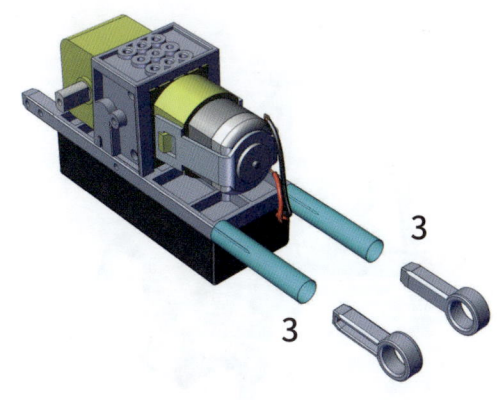

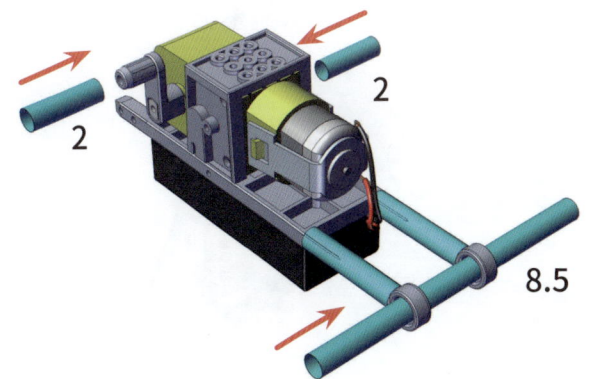

Step5 ▶ 套上6個O環。

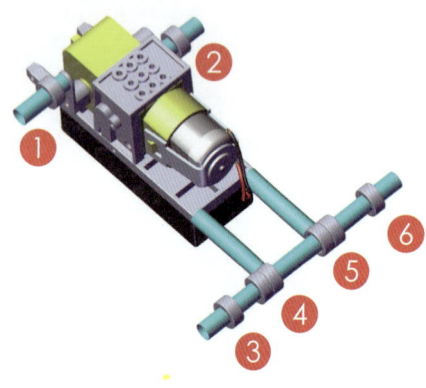

Step6 ▶ 前足A與後足B各做2組；交叉連桿C做4組。

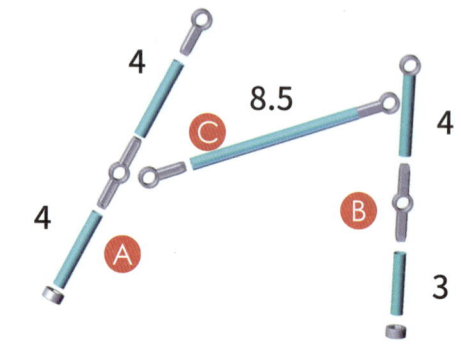

Step7 ▶ 組裝後足與連桿。

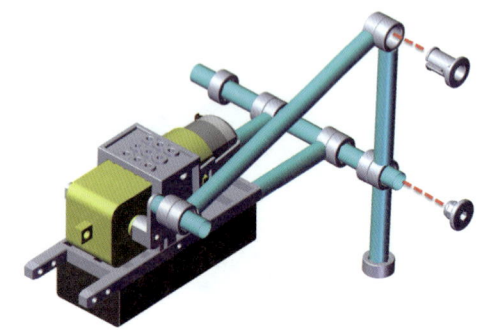

Step8 ▶ 組裝前足與交叉連桿。

Step9 ▶ 另一邊以鏡射方式組裝。

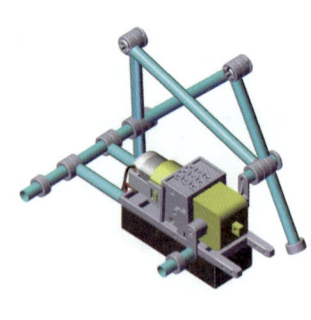

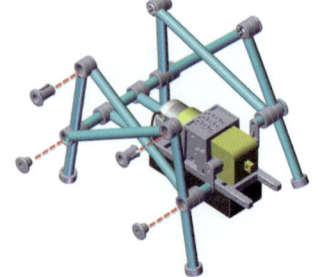

Step10 ▶ 完成。

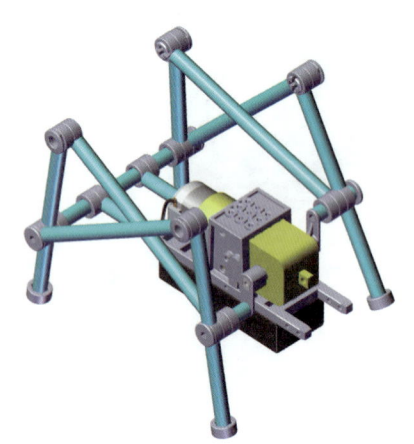

機構實作 3　　二足行走機器人：太空漫步

這是非常生動有趣的二足行走機器人，主結構是搖動滑塊曲柄機構；延伸的足部擴展了底部面積，以維持重心，是常見的二足行走機器人設計。

準備材料

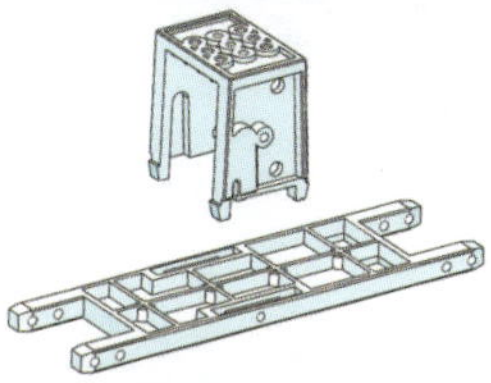 TT 馬達盒 ×1	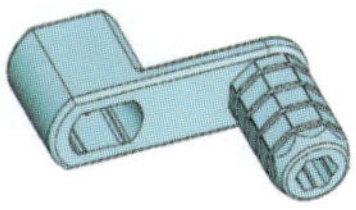 馬達驅動臂 ×2	 O 環 ×6	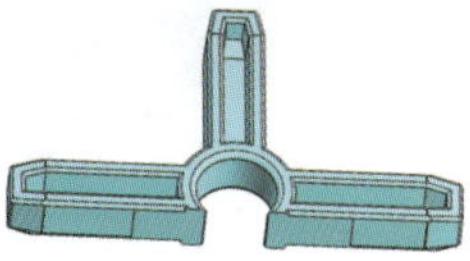 3 叉 90 度接頭 ×2
 1 叉接頭 ×8	 2 叉 90 度接頭 ×4	 2 叉 180 度接頭 ×2	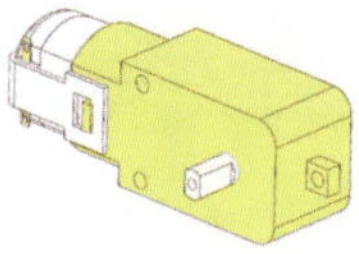 TT 馬達（1:48）×1
 帶開關電池盒（AAA*2）×1			

吸管

吸管直徑 / 長度	數量	吸管直徑 / 長度	數量
6 mm / 12 cm	2	6 mm / 6 cm	1
6 mm / 4 cm	4	6 mm / 3.5 cm	8
6 mm / 2 cm	2		

組裝步驟

Step1▶ 接上電源線與電池，確定馬達往前方旋轉，再蓋上上蓋；如果轉向相反，將馬達水平翻轉 180 度再組合即可。

Step2▶ 可以使用雙面膠、束帶、橡皮筋或熱熔膠將電池盒固定於底座。

Step3▶ 組裝上方機架。

Step4▶ 組裝驅動臂與延伸桿，上方 6cm 支架中間穿 2 個 O 環。

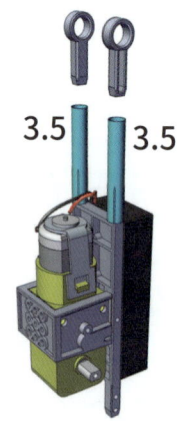
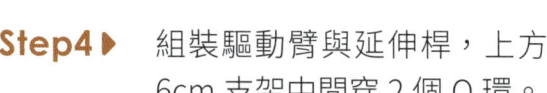
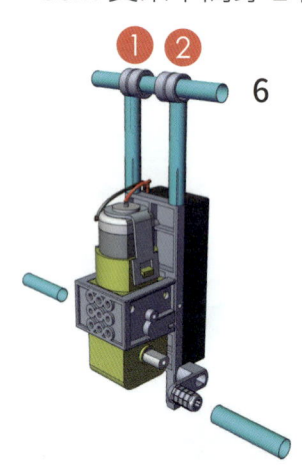

Step5 ▶ 驅動臂上套 2 個 O 環定位。

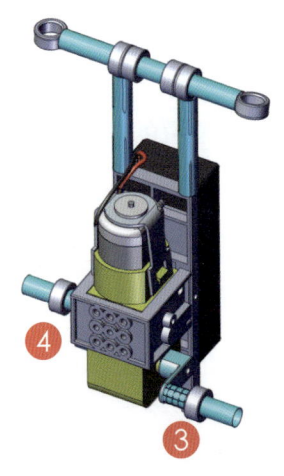

Step6 ▶ 組裝 2 組足部。

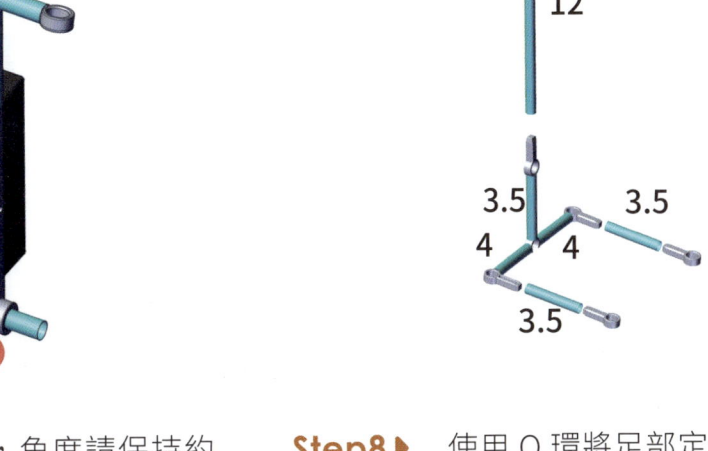

Step7 ▶ 組裝足部時，角度請保持約 100 度，讓單足踏地時重心能落於ㄇ字形足部中間，讓機器人能穩定行走。

Step8 ▶ 使用 O 環將足部定位在驅動臂上，保留活動間隙。

Step9 ▶ 完成。

Strawbotics 吸管機器人創意設計

 機構實作 4　　爬竿猴子

　　「爬竿猴子」的主結構是搖動滑塊曲柄機構；延伸的長手臂帶有 90 度的彎鉤，以維持懸吊重心，攀爬的動作非常生動。

準備材料

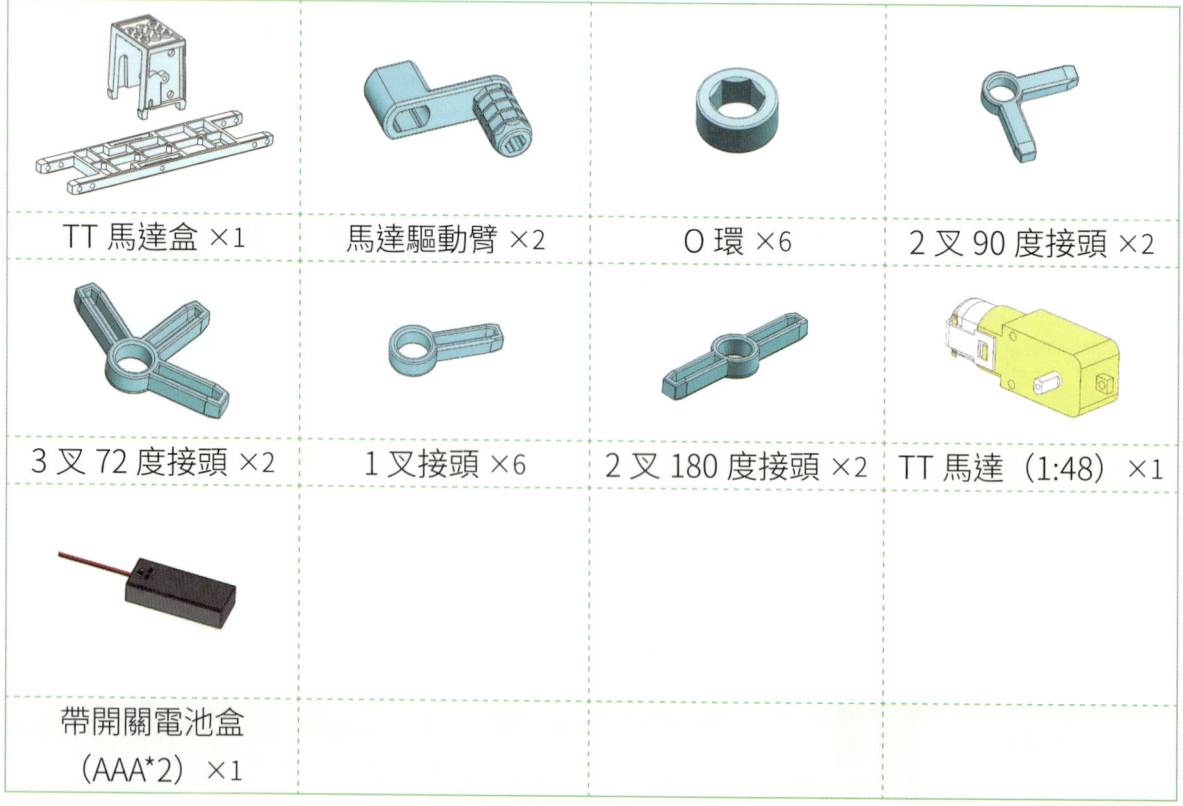

TT 馬達盒 ×1	馬達驅動臂 ×2	O 環 ×6	2 叉 90 度接頭 ×2
3 叉 72 度接頭 ×2	1 叉接頭 ×6	2 叉 180 度接頭 ×2	TT 馬達（1:48）×1
帶開關電池盒（AAA*2）×1			

吸管

吸管直徑 / 長度	數量	吸管直徑 / 長度	數量
6 mm / 12 cm	2	6 mm / 3.5 cm	2
6 mm / 6 cm	1	6 mm / 2.5 cm	2
6 mm / 5 cm	4		

組裝步驟

Step1▶ 接上電源線與電池，確定馬達往前方旋轉，再蓋上上蓋；如果轉向相反，將馬達水平翻轉 180 度再組合即可。

Step2▶ 可以使用雙面膠、橡皮筋或熱熔膠將電池盒固定於底座。

Step3▶ 組裝足部。

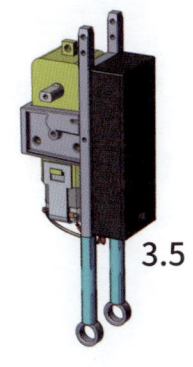

Step4▶ 足部中間裝上 2 個 O 環，穿過 6cm 吸管，組裝驅動臂。

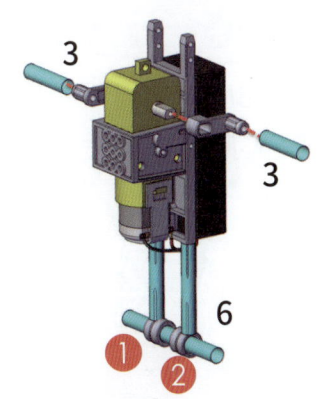

Strawbotics 吸管機器人創意設計

Step5▶ 驅動臂套 2 個 O 環定位,組裝足部。

Step6▶ 組裝 2 組手臂(請依序組裝,並注意中間的連接件與上方呈垂直平面)。

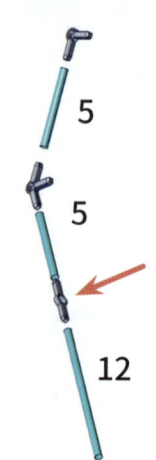

Step7▶ 手臂穿過下方軸孔,以 O 環定位在驅動臂上。

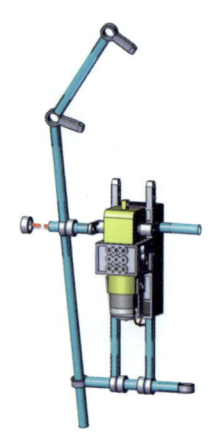

Step8▶ 組裝好兩側手臂,下方再以 1 叉接頭組裝。

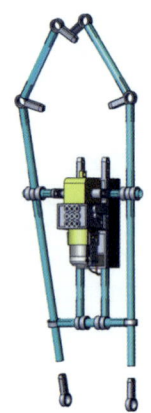

Step9▶ 完成。你可以拉緊一條繩索,把爬竿猴子掛在繩子上並啟動電源,看看它爬行的動作。

機構實作 5　不倒翁

不倒翁透過長桿劃過地面帶動機構的運動，最有趣的地方在於：當不倒翁往前往後，或往兩側傾倒時，它都會迅速恢復站立，其中的奧秘在哪裡呢？

準備材料

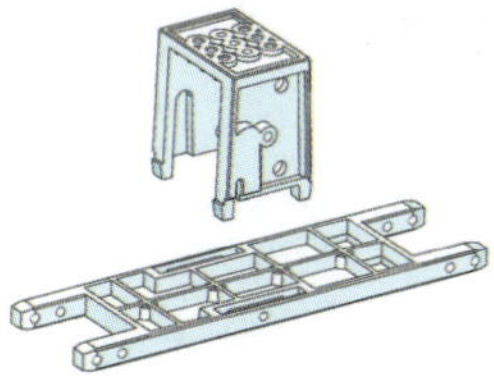 TT 馬達盒 ×1	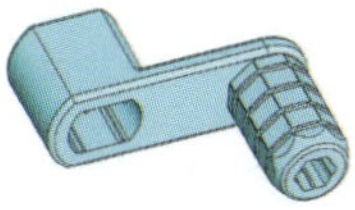 馬達驅動臂 ×2	 O 環 ×8	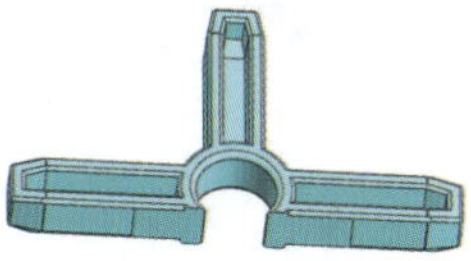 3 叉 90 度接頭 ×2
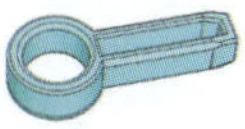 1 叉接頭 ×6	 4 叉接頭 ×2	 滾輪 16mm×4	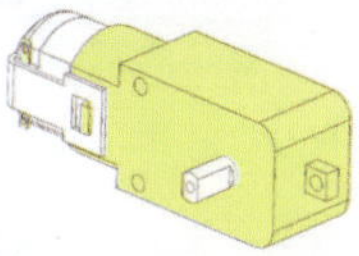 TT 馬達（1:48）×1
 帶開關電池盒（AAA*2）×1			

Strawbotics 吸管機器人創意設計

吸管

吸管直徑 / 長度	數量	吸管直徑 / 長度	數量
6 mm / 10 cm	2	6 mm / 4 cm	4
6 mm / 5.5 cm	2	6 mm / 3 cm	6

組裝步驟

Step1▶
Ⓐ 接上電池開啟 ON；
Ⓑ 確定馬達往順時針旋轉；
Ⓒ 蓋上上蓋。如果轉向相反，將馬達水平翻轉 180 度再蓋上上蓋組合即可。

Step2▶ 電池盒往下一些固定，讓重心較低，可以用橡皮筋、束帶、雙面膠或熱熔膠固定。

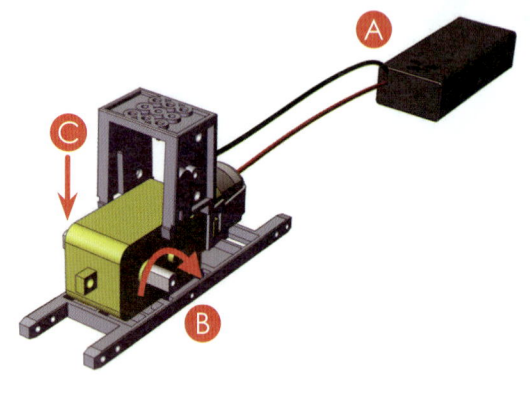

Step3▶ 裝飾眼睛。

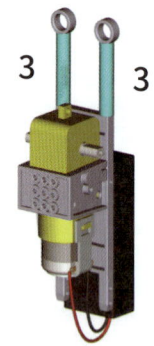

Step4▶ 組裝驅動臂與延伸桿。

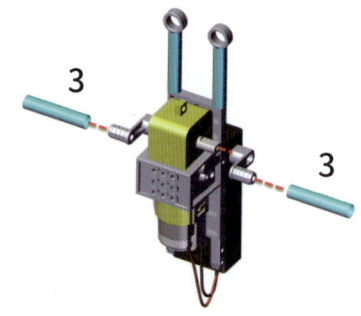

26

Step5 ▶ 延伸桿上套 2 個 O 環，加強固定。

Step6 ▶ 十字連接件，兩邊需一致且與驅動臂呈垂直。如果有鬆滑現象，可以使用熱熔膠固定。

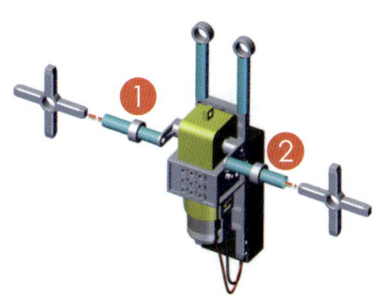

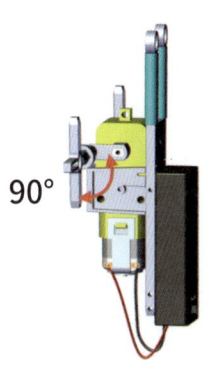

Step7 ▶ 組裝划動臂，末端套上 O 環。

Step8 ▶ 組裝足部。

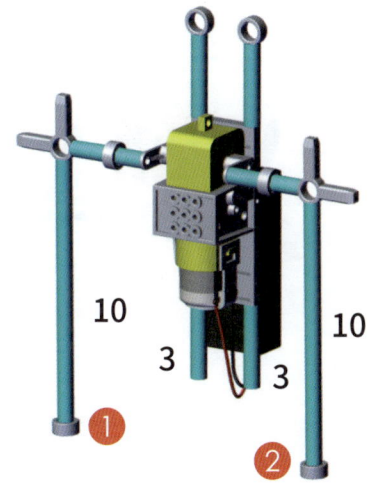

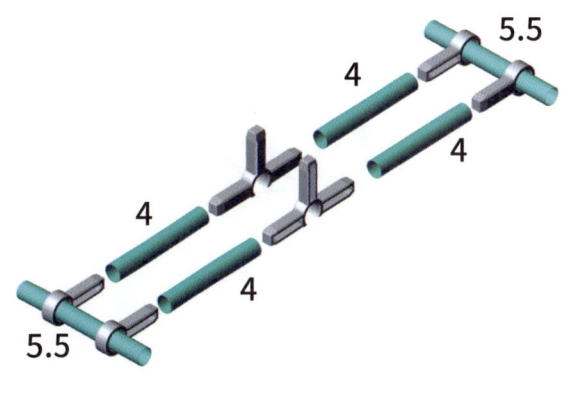

Step9 ▶ 組裝滑動輪。

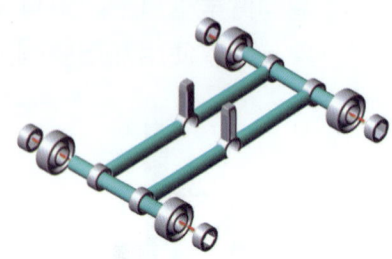

Step10 ▶ 完成足部組裝。

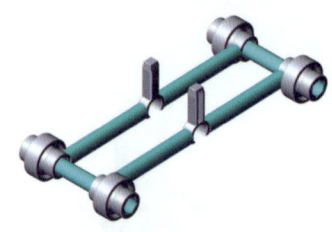

Step11 ▶ 結合上下座。

Step12 ▶ 完成。

機構實作 6　四足行走機器人：W 形連桿

　　此連桿機構從側面觀察，如字母 W 形。單側的二足連接到曲柄，走起路來有滑動的感覺。

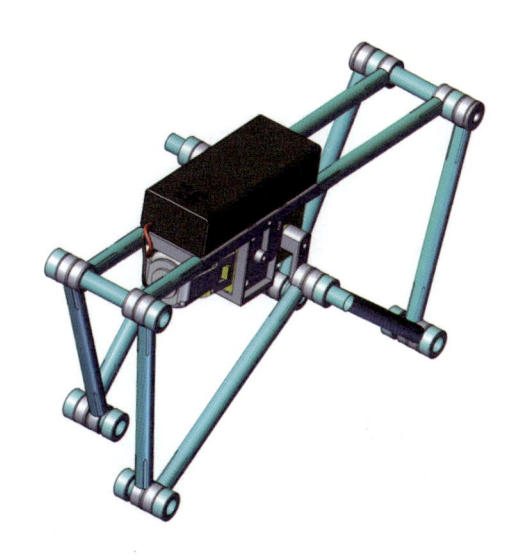

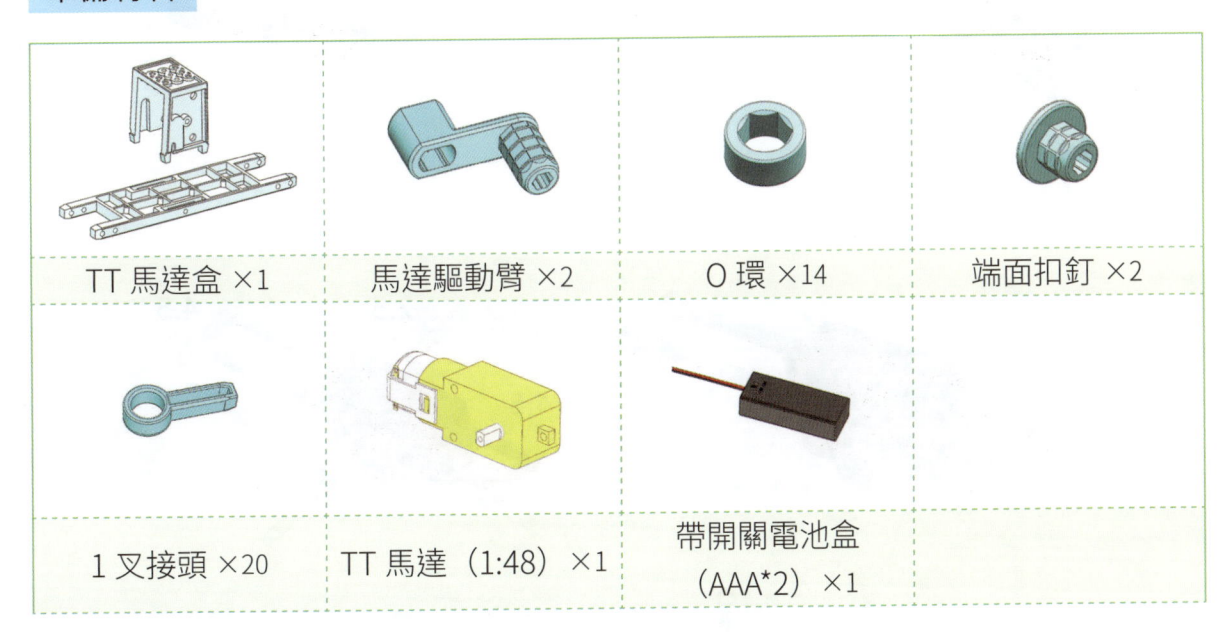

準備材料

TT 馬達盒 ×1	馬達驅動臂 ×2	O 環 ×14	端面扣釘 ×2
1 叉接頭 ×20	TT 馬達（1:48）×1	帶開關電池盒（AAA*2）×1	

Strawbotics 吸管機器人創意設計

吸管

吸管直徑 / 長度	數量	吸管直徑 / 長度	數量
6 mm / 8 cm	4	6 mm / 4.5 cm	2
6 mm / 7 cm	2	6 mm / 3 cm	2
6 mm / 6 cm	4	6 mm / 2 cm	6

組裝步驟

Step1 ▶ Ⓐ 接上電源線與電池；
Ⓑ 確定馬達往前方旋轉；
Ⓒ 蓋上上蓋。如果轉向相反，將馬達水平翻轉 180 度再蓋上上蓋組合即可。

Step2 ▶ 可以使用雙面膠、束帶、橡皮筋或熱熔膠將電池盒固定於底座。

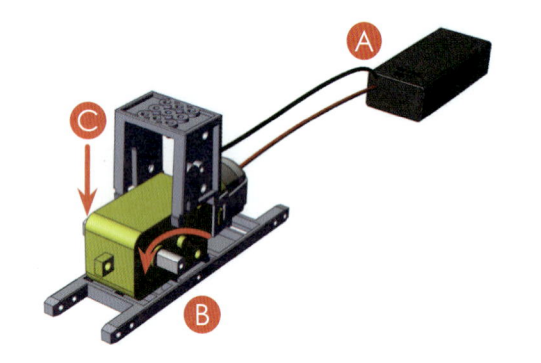

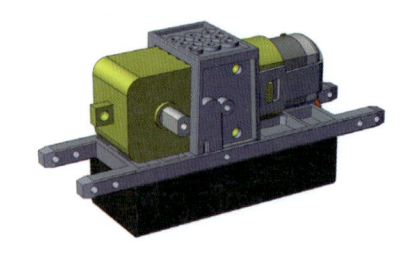

Step3 ▶ 各做 4 組四足的連桿。

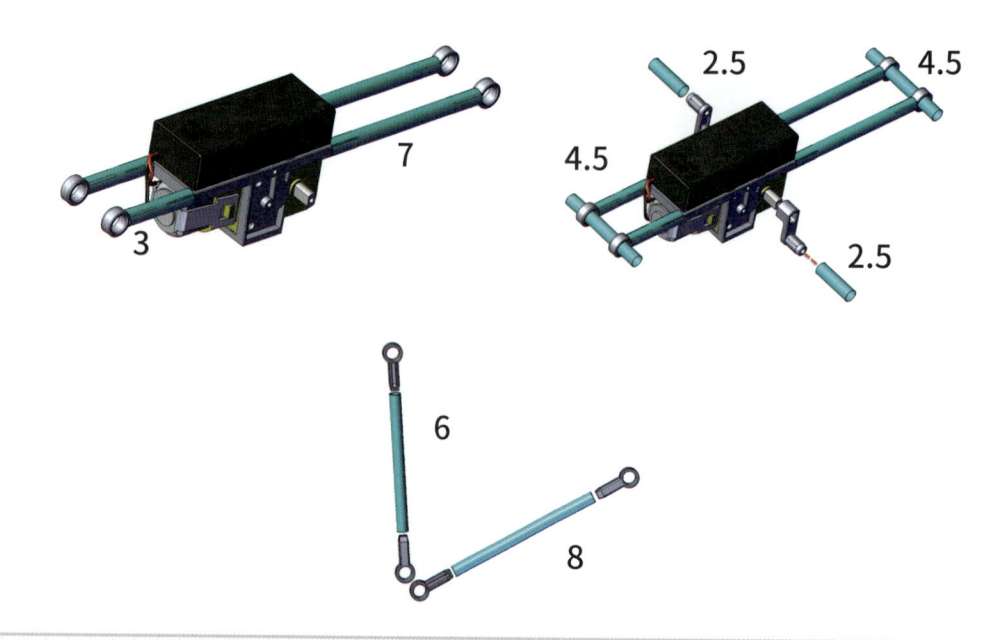

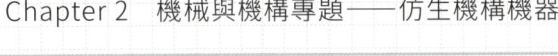

Step4 ▶ 以 O 環定位，2 連桿下方以 2cm 吸管與 O 環結合，增加接觸地面的面積。

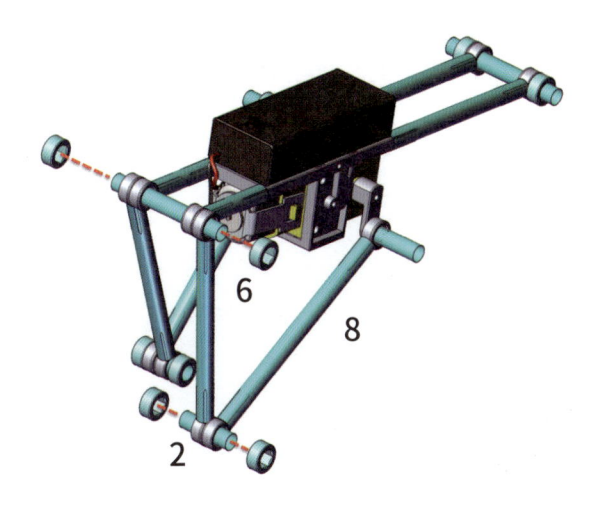

Step5 ▶ 使用 O 環與端面扣釘，定位各個關節。

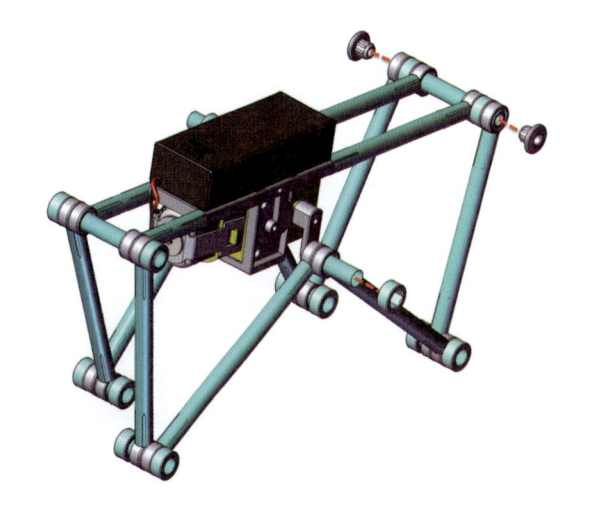

Step6 ▶ 完成。

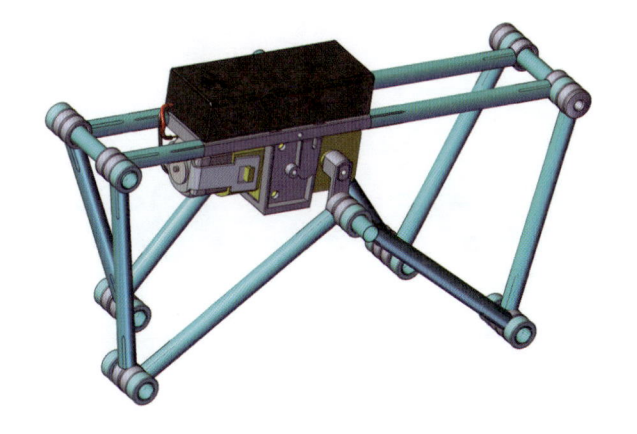

機構實作 7　尺蠖

尺蠖（inch worm）的運動機構為曲柄搖桿機構，靠搖桿擺動伸縮的動作來前進。

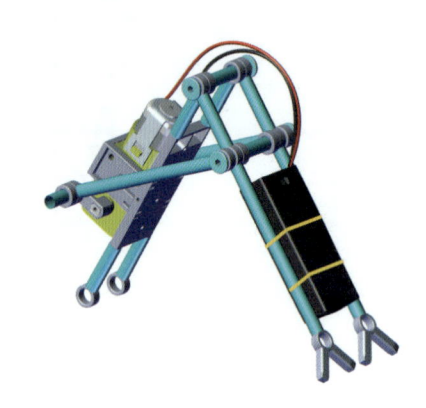

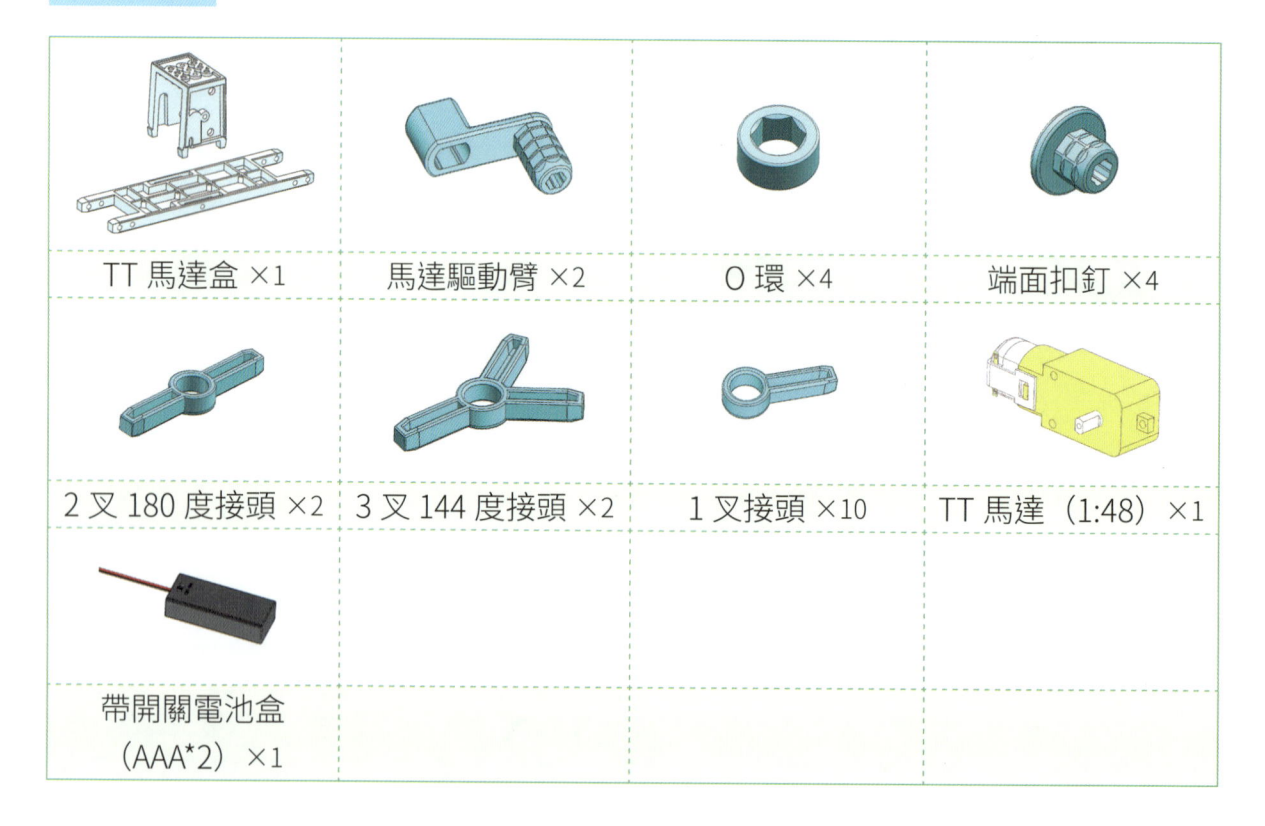

準備材料

TT 馬達盒 ×1	馬達驅動臂 ×2	O 環 ×4	端面扣釘 ×4
2 叉 180 度接頭 ×2	3 叉 144 度接頭 ×2	1 叉接頭 ×10	TT 馬達（1:48）×1
帶開關電池盒（AAA*2）×1			

吸管

吸管直徑 / 長度	數量	吸管直徑 / 長度	數量
6 mm / 8 cm	4	6 mm / 3 cm	6
6 mm / 5 cm	1	6 mm / 2 cm	2
6 mm / 4 cm	1		

組裝步驟

Step1▶ Ⓐ 接上電源線與電池；
Ⓑ 確定馬達往前方旋轉；
Ⓒ 蓋上上蓋。如果轉向相反，將馬達水平翻轉 180 度再蓋上上蓋組合即可。

Step2▶ 前後支架，連接 3cm 吸管。

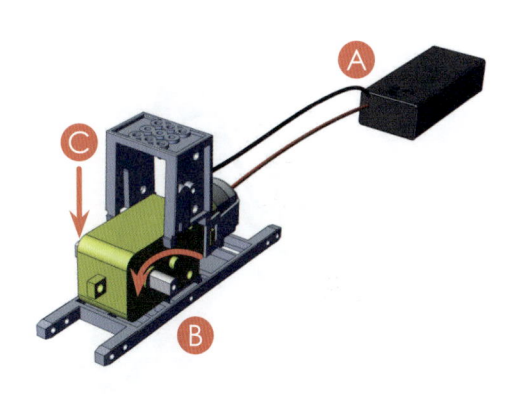

Step3▶ 組裝驅動臂。

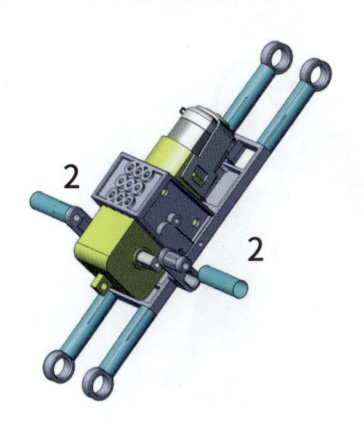

Step4▶ 組裝 4cm 擺動軸。

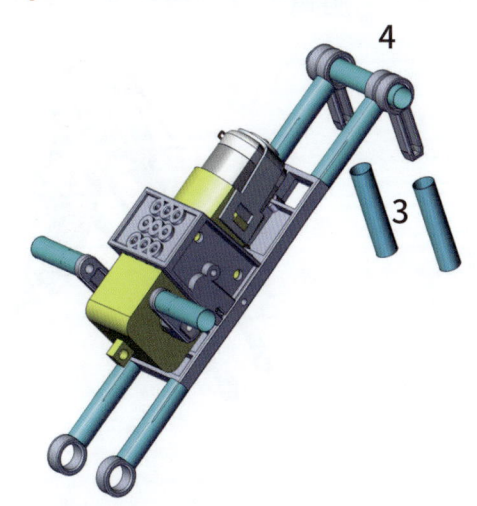

Strawbotics 吸管機器人創意設計

Step5 ▶ 組裝後足及 5cm 橫桿。

Step6 ▶ 使用 8cm 連桿連接前後足。

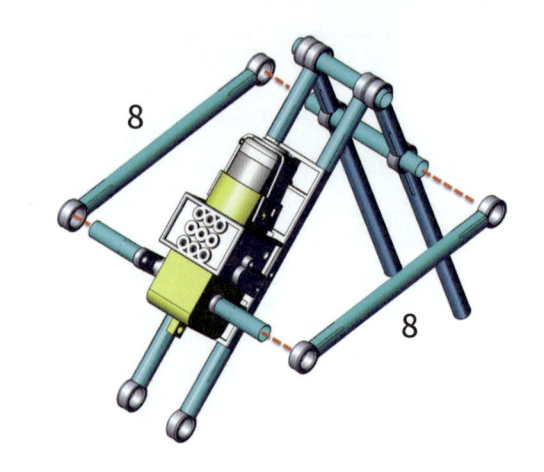

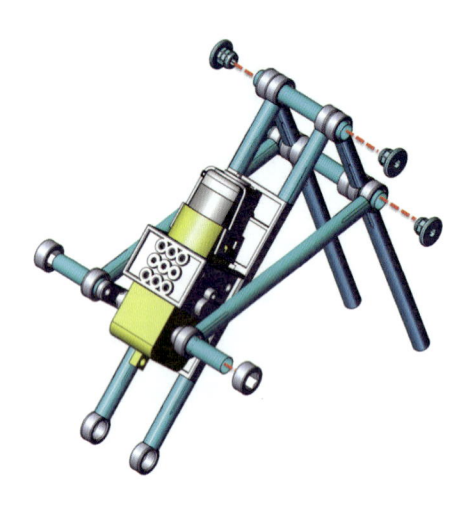

Step7 ▶ 使用端面扣釘與 O 環定位。

Step8 ▶ 後足加裝 2 叉連接件增加摩擦力。

Step9 ▶ 將電池盒以橡皮筋固定在後足，讓前後重量平衡，完成。

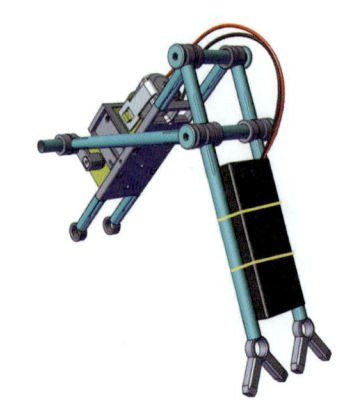

機構實作 8　蟲蟲危機

「蟲蟲危機」為經典的仿生機構，運動機構為曲柄搖桿機構，靠搖桿擺動伸縮的動作來前進。

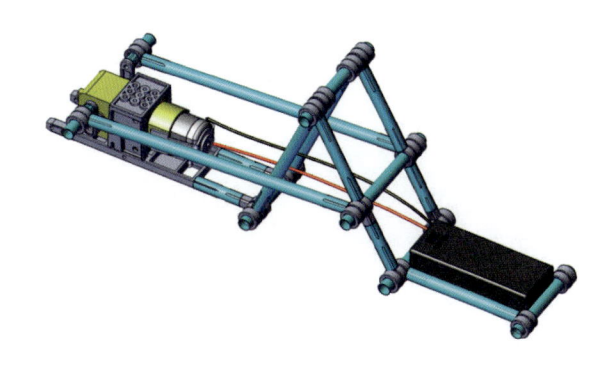

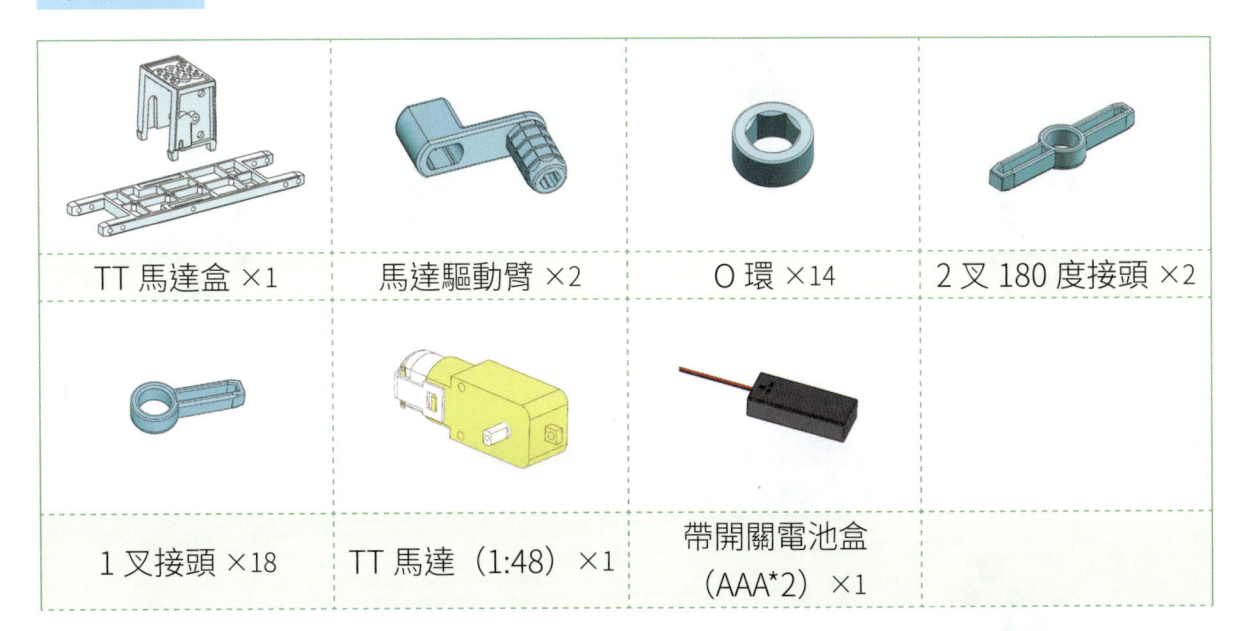

準備材料

TT 馬達盒 ×1	馬達驅動臂 ×2	O 環 ×14	2 叉 180 度接頭 ×2
1 叉接頭 ×18	TT 馬達（1:48）×1	帶開關電池盒（AAA*2）×1	

Strawbotics 吸管機器人創意設計

吸管

吸管直徑 / 長度	數量	吸管直徑 / 長度	數量
6 mm / 14 cm	2	6 mm / 5 cm	2
6 mm / 8 cm	2	6 mm / 4.5 cm	2
6 mm / 7 cm	1	6 mm / 3 cm	4
6 mm / 6 cm	4	6 mm / 2 cm	2

組裝步驟

Step1▶ Ⓐ 接上電源線與電池；
Ⓑ 確定馬達往前方旋轉；
Ⓒ 蓋上上蓋。如果轉向相反，將馬達水平翻轉 180 度再蓋上上蓋組合即可。

Step2▶ 後支架連接 3cm 吸管，組裝驅動臂。

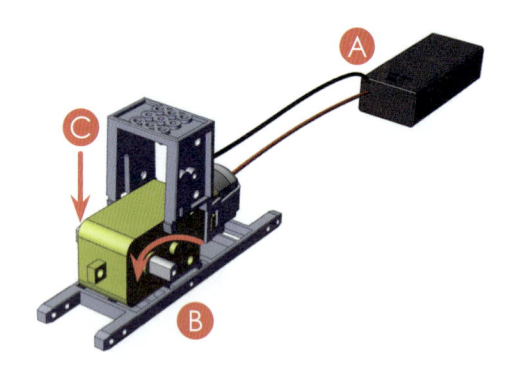

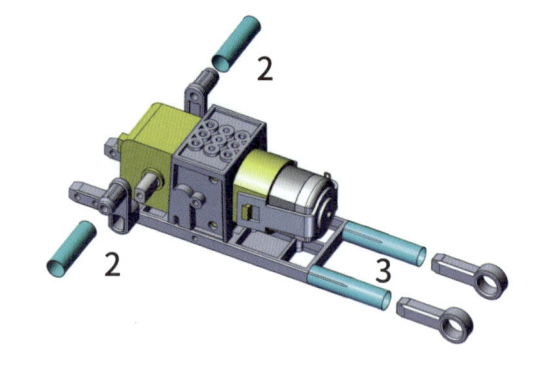

Step3▶ 將 14cm 的吸管套在驅動臂上，外邊使用 O 環定位。

Step4▶ 組裝 8cm 吸管連桿。

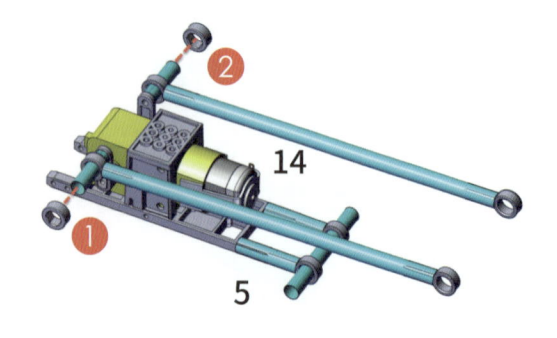

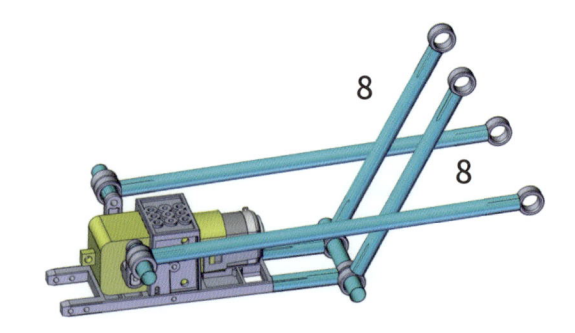

Chapter 2　機械與機構專題──仿生機構機器人

Step5 ▶ 組裝後半段的身體連桿。

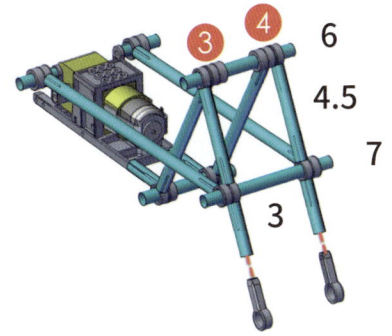

Step6 ▶ 完成後段的身體連桿。

Step7 ▶ 使用 O 環定位各個橫桿。

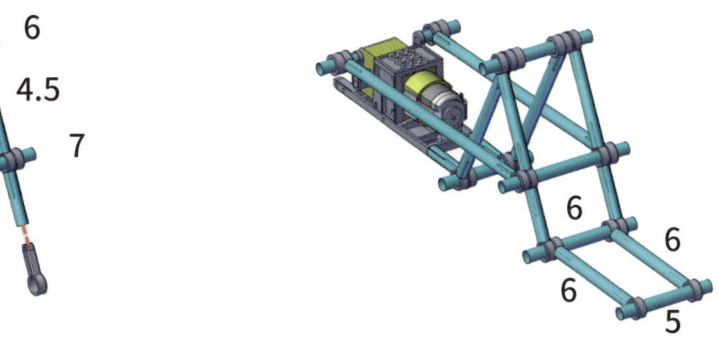

Step8 ▶ 身體組裝完成。

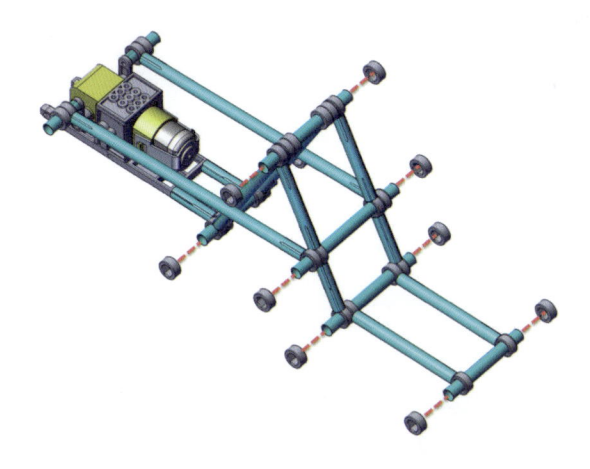

Step9 ▶ 將電池放在後半段框架中，平衡前後重量，可以使用橡皮筋固定電池盒，完成。

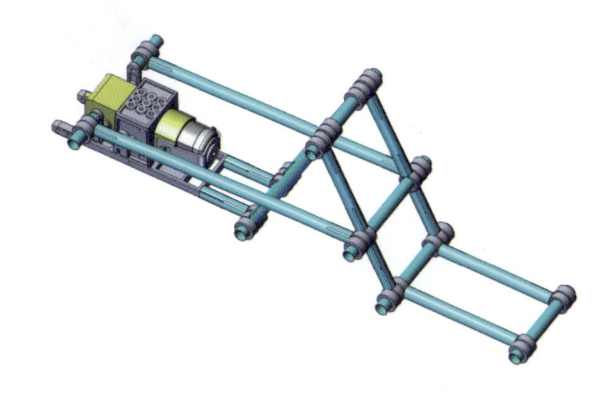

機構實作 8　蟲蟲危機

37

機構實作 9　戰鬥蝸牛

以曲柄延伸的四叉劃動地面來往前，底部整個貼住地面，摩擦力較大。

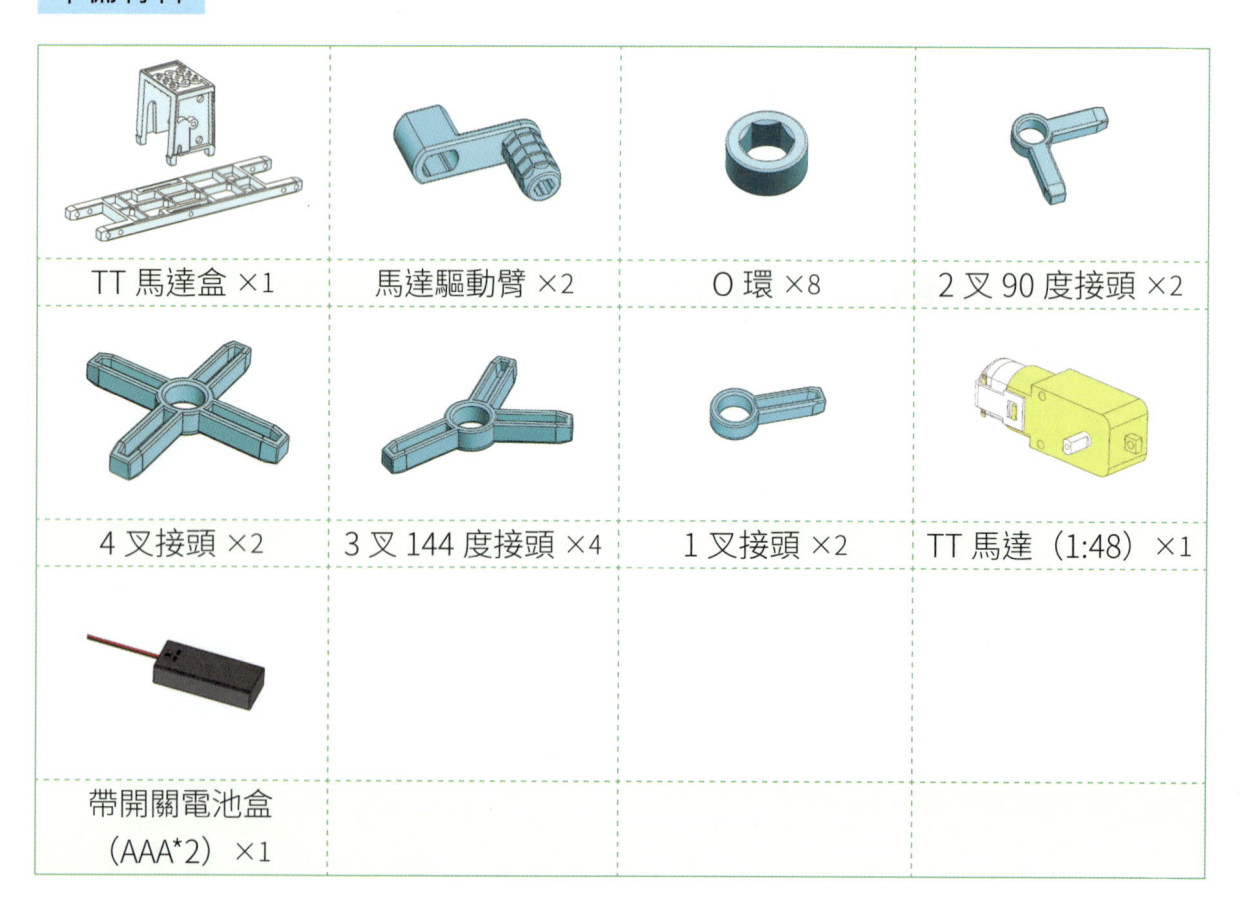

準備材料

TT 馬達盒 ×1	馬達驅動臂 ×2	O 環 ×8	2 叉 90 度接頭 ×2
4 叉接頭 ×2	3 叉 144 度接頭 ×4	1 叉接頭 ×2	TT 馬達（1:48）×1
帶開關電池盒（AAA*2）×1			

Chapter 2　機械與機構專題──仿生機構機器人

吸管

吸管直徑 / 長度	數量	吸管直徑 / 長度	數量
6 mm / 9 cm	2	6 mm / 3 cm	4
6 mm / 8 cm	7	6 mm / 2 cm	2

組裝步驟

Step1▶
Ⓐ 接上電源線與電池；
Ⓑ 確定馬達往前方旋轉；
Ⓒ 蓋上上蓋。如果轉向相反，將馬達水平翻轉 180 度再蓋上上蓋組合即可。

Step2▶ 可以使用雙面膠、橡皮筋或熱熔膠將電池盒固定於馬達座。

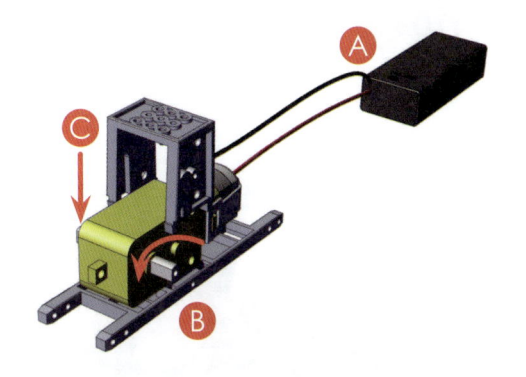

Step3▶ 組裝 90 度連接件。

Step4▶ 組裝 3cm 吸管延伸桿，做為眼睛造型用。

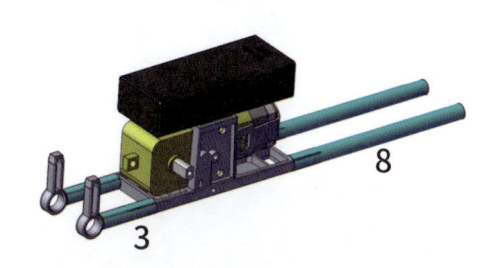

Step5▶ 組裝驅動臂與延伸桿。

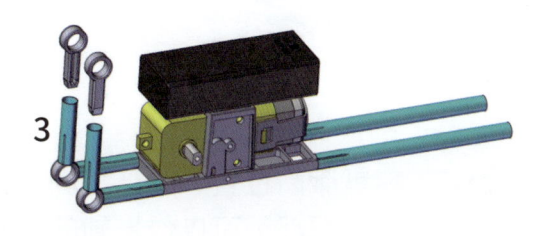

Step6▶ 延伸桿套 O 環定位。

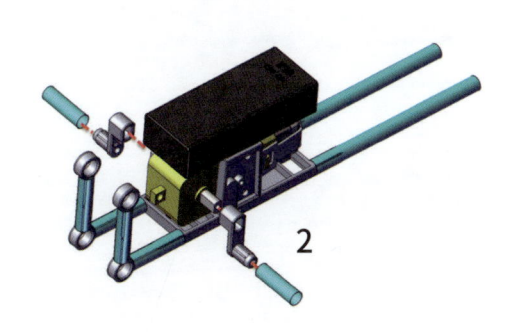

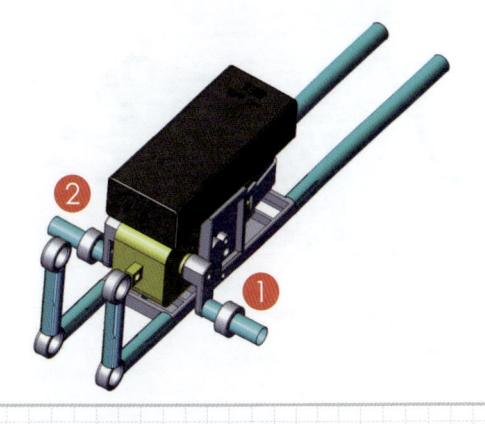

機構實作 9　戰鬥蝸牛

Strawbotics 吸管機器人創意設計

Step7▶ 組裝蝸牛外殼，將各連接件輕輕組裝，先不要組裝到底。

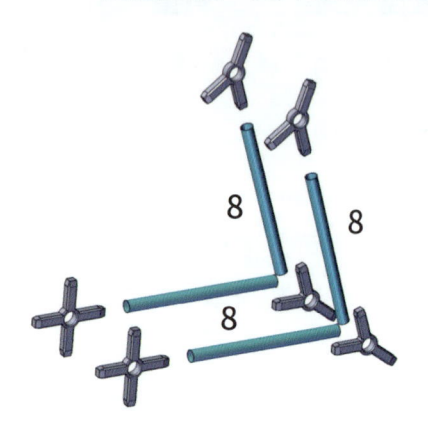

Step8▶ 使用 9cm 吸管連接，慢慢組裝到底。

Step9▶ 外殼與驅動臂定位，上方以 8cm 吸管套上 4 個 O 環定位。

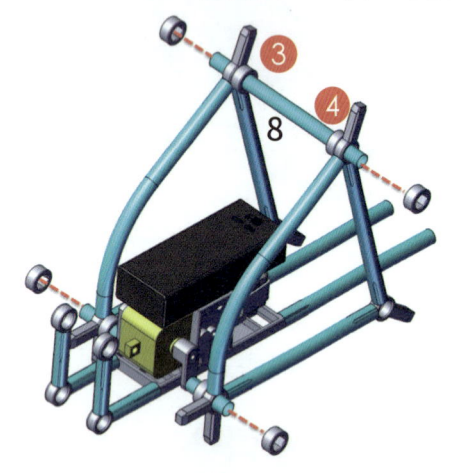

Step10▶ 完成，此為一般前進模式外型。

Step11▶ 就戰鬥位置，將外框向前蓋過頭部，可以作推動的競賽遊戲。

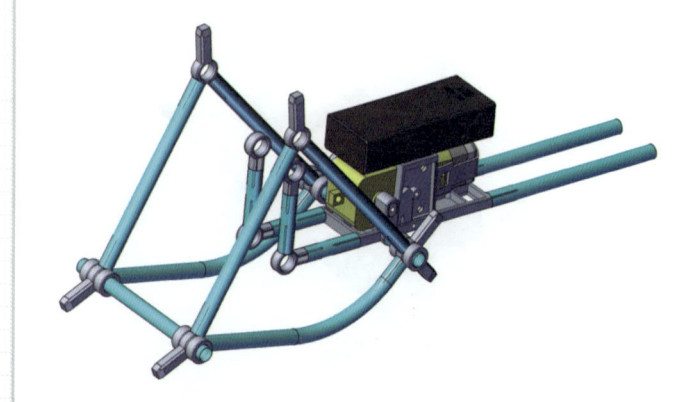

40

機構實作 10　六足行走機器人

六足行走機器人，跨步時至少有 3 足抓住地面，屬於相對穩定的行走模式。

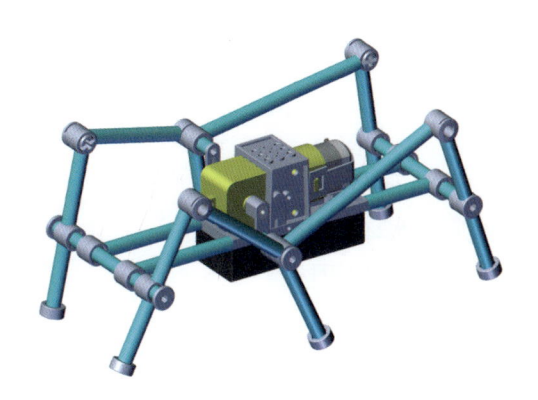

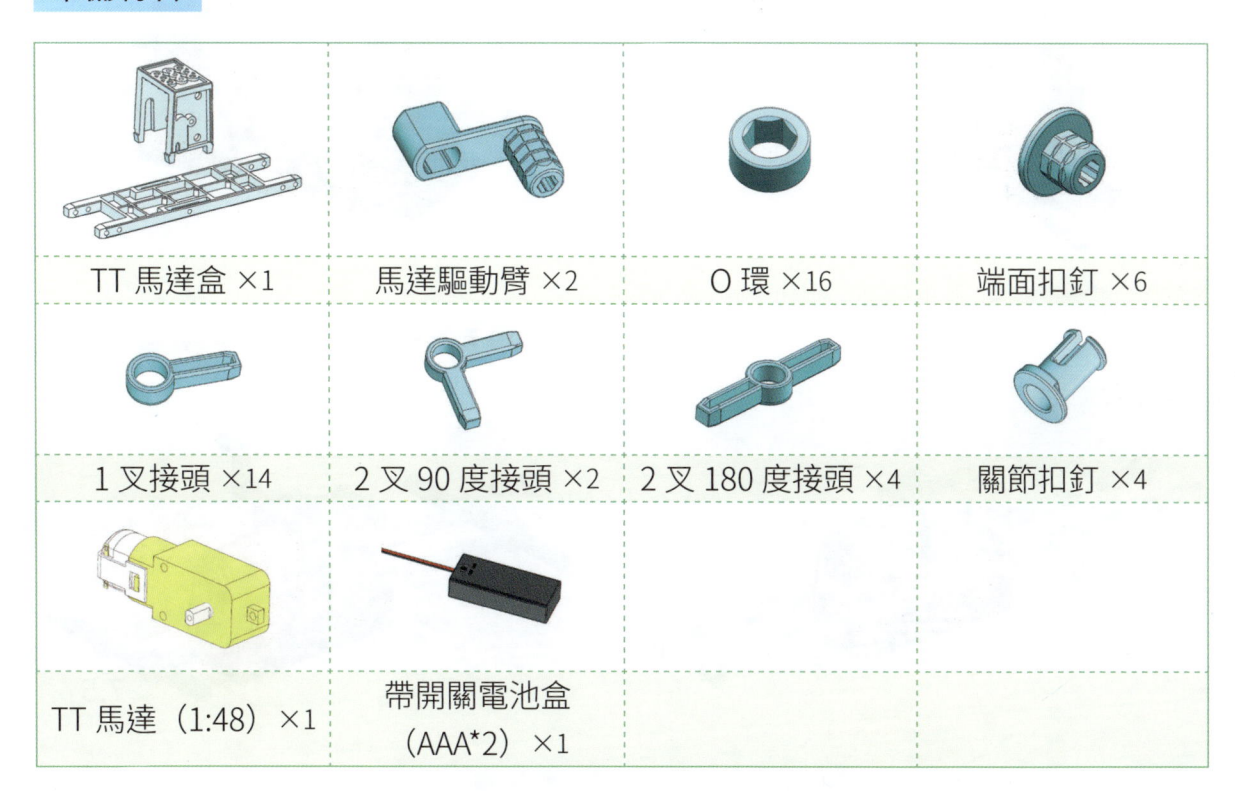

準備材料

TT 馬達盒 ×1	馬達驅動臂 ×2	O 環 ×16	端面扣釘 ×6
1 叉接頭 ×14	2 叉 90 度接頭 ×2	2 叉 180 度接頭 ×4	關節扣釘 ×4
TT 馬達（1:48）×1	帶開關電池盒（AAA*2）×1		

Strawbotics 吸管機器人創意設計

吸管

吸管直徑 / 長度	數量	吸管直徑 / 長度	數量
6 mm / 7.5 cm	4	6 mm / 3 cm	6
6 mm / 4.5 cm	6	6 mm / 2.5 cm	2
6 mm / 4 cm	4		

組裝步驟

Step1▶ Ⓐ 接上電源線與電池；
Ⓑ 確定馬達往前方旋轉；
Ⓒ 蓋上上蓋。如果轉向相反，將馬達水平翻轉 180 度再蓋上上蓋組合即可。

Step2▶ 可以使用雙面膠、橡皮筋、束帶或熱熔膠將電池盒固定於底座。

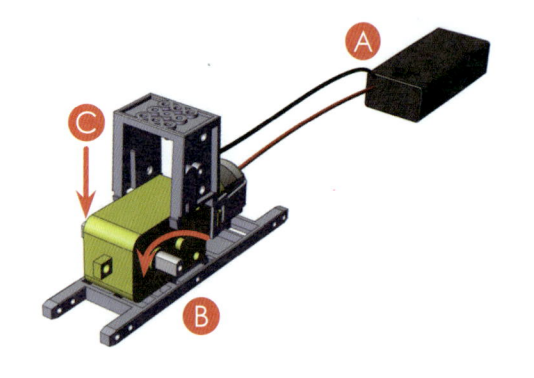

Step3▶ 組裝前後支架。

Step4▶ 將 7.5cm 橫桿穿過 O 環，組裝驅動臂。

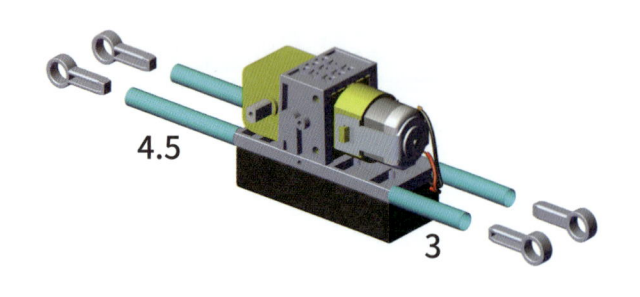

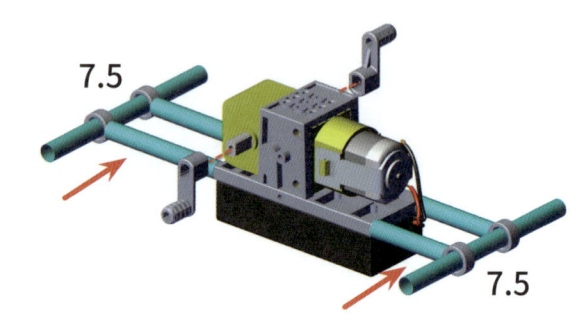

42

Step5 ▶ 組裝驅動臂的延伸桿。

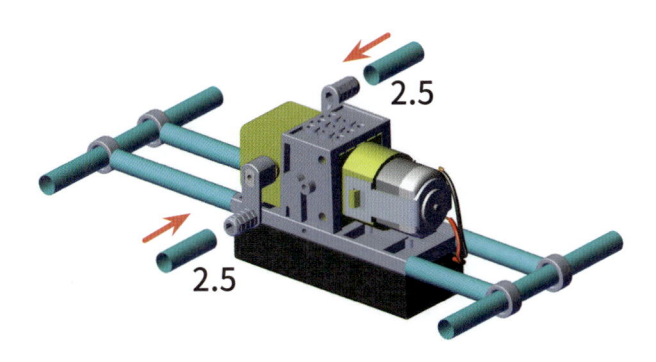

Step6 ▶ 套上 O 環定位，一共 10 個 O 環。

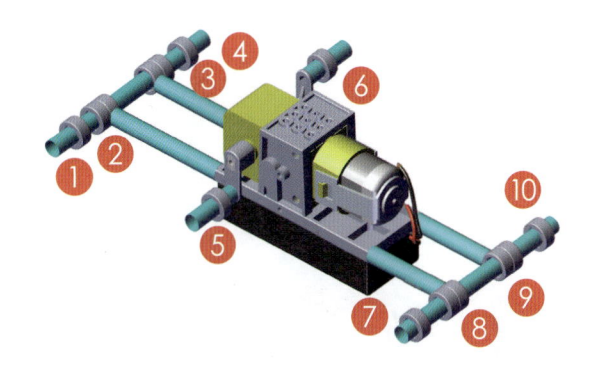

Step7 ▶ 各組裝 2 組前足、中足與後足。

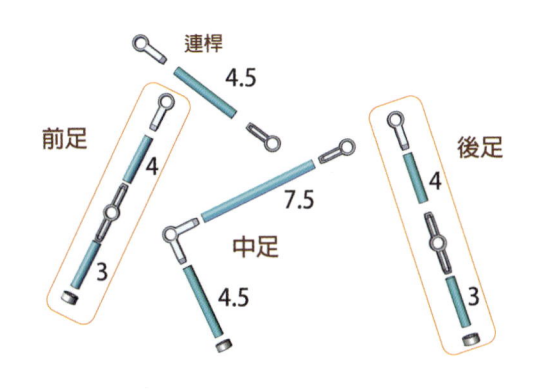

Step8 ▶ 使用端面扣釘固定橫桿支點，使用關節扣釘連接連桿做關節。

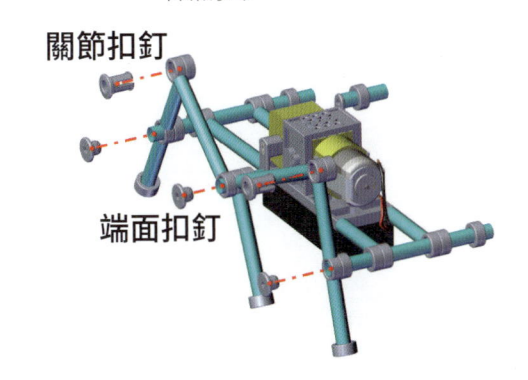

Step9 ▶ 單側足部組裝完成。

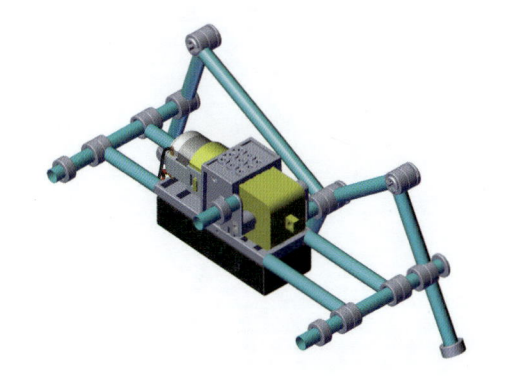

Step10 ▶ 相對側以鏡射方式，依序組裝足部與定位。

Step11 ▶ 就戰鬥位置，將外框向前蓋過頭部，可以作推動的競賽遊戲。

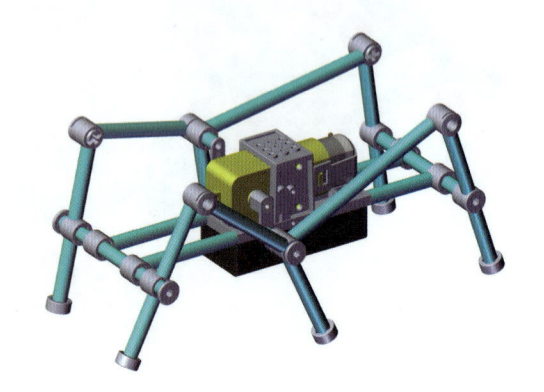

Chapter 2　實作題

題目名稱：二足行走機器人：太空漫步　　30 mins

題目說明：請以吸管機器人材料包，組裝「二足行走機器人：太空漫步」，並且能行走 30 公分距離不會跌倒。

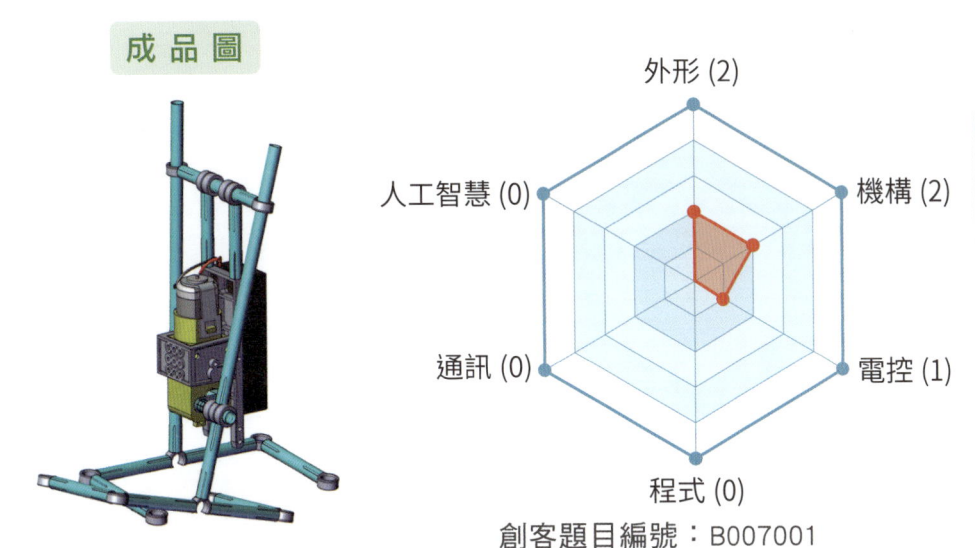

成品圖

外形 (2)、機構 (2)、電控 (1)、程式 (0)、通訊 (0)、人工智慧 (0)

創客題目編號：B007001

創客指標	
外形	2
機構	2
電控	1
程式	0
通訊	0
人工智慧	0
創客總數	5

題目名稱：不倒翁　　30 mins

題目說明：請以吸管機器人材料包，組裝「不倒翁」，並且能在行走時從後方與側邊任意推倒，機器人能自行恢復站立行走。

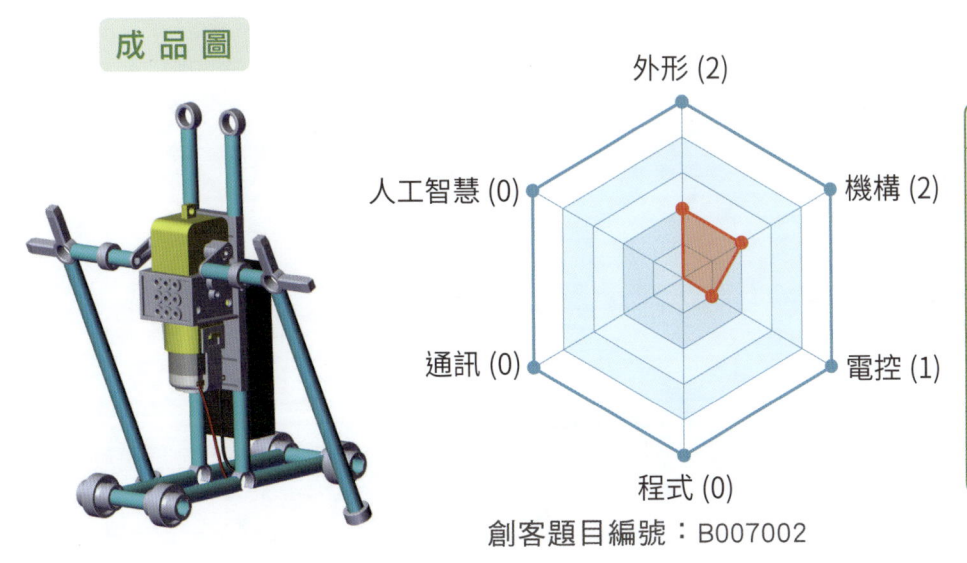

成品圖

外形 (2)、機構 (2)、電控 (1)、程式 (0)、通訊 (0)、人工智慧 (0)

創客題目編號：B007002

創客指標	
外形	2
機構	2
電控	1
程式	0
通訊	0
人工智慧	0
創客總數	5

Strawbotics 吸管機器人創意設計

Chapter 3

生動的連動機構──Automata

　　連動機構 Automata，或是機構玩具（Mechanism Toy）是學習機構運作的知識與操作後，進行設計與製作一個多機件組合且能運作的機構玩具，包含常見的機構種類、原理與應用，以及有力的傳遞、滑輪系統、鍊條與鍊輪系統、齒輪系統、凸輪機構、槓桿與連桿等。

　　本章使用手動帶動，設計與製作連動機構，使用吸管做連動零件，快速的組裝、應用各種機構做出有趣的連動機構；並且配合雷切製作凸輪、摩擦輪等機件，創造更多機構應用。

Strawbotics 吸管機器人創意設計

一、機構動作的規畫設計

若在網路瀏覽器鍵入關鍵字「Automata」或是機構玩具（Mechanism toy），你將會看到許多生動有趣的連動機構玩具，這些都是由機構連動產生的效果，機構（Mechanism）是由兩個或兩個以上的機件組成，當動一機件，會連結其他機件隨之運動，各機件間作規律運動。

- 圖 3-1　使用手搖帶動，利用齒輪與多個曲柄搖桿機構傳動呈現飛船的運動機構模型

註 引用自 https://www.foxwinks.com/products/junk-air-clockwork-dreams-automata。

有哪些機構可以做出這些有趣的動作呢？從想要展現的動作結果來看，這些動作包含輸出旋轉、擺動形態，還有直線的往復運動等，以下是幾種可以達成的機構圖樣。

旋轉→擺動

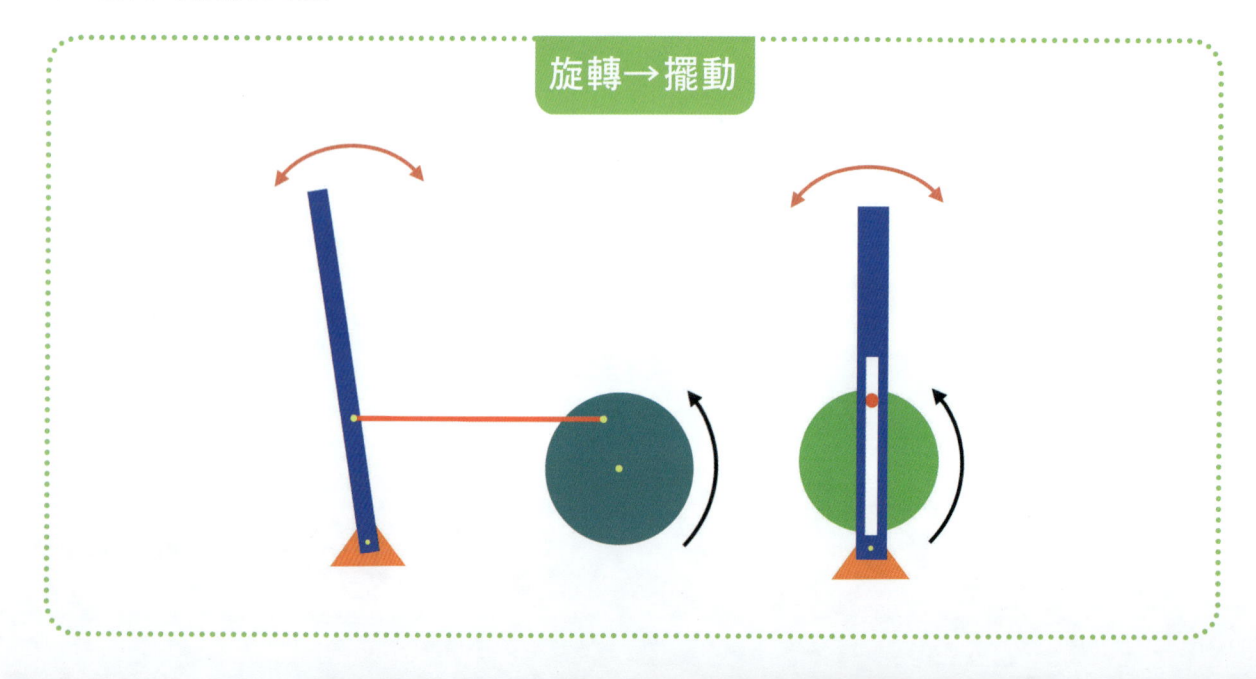

48

Chapter 3　生動的連動機構──Automata

旋轉→上下與擺動

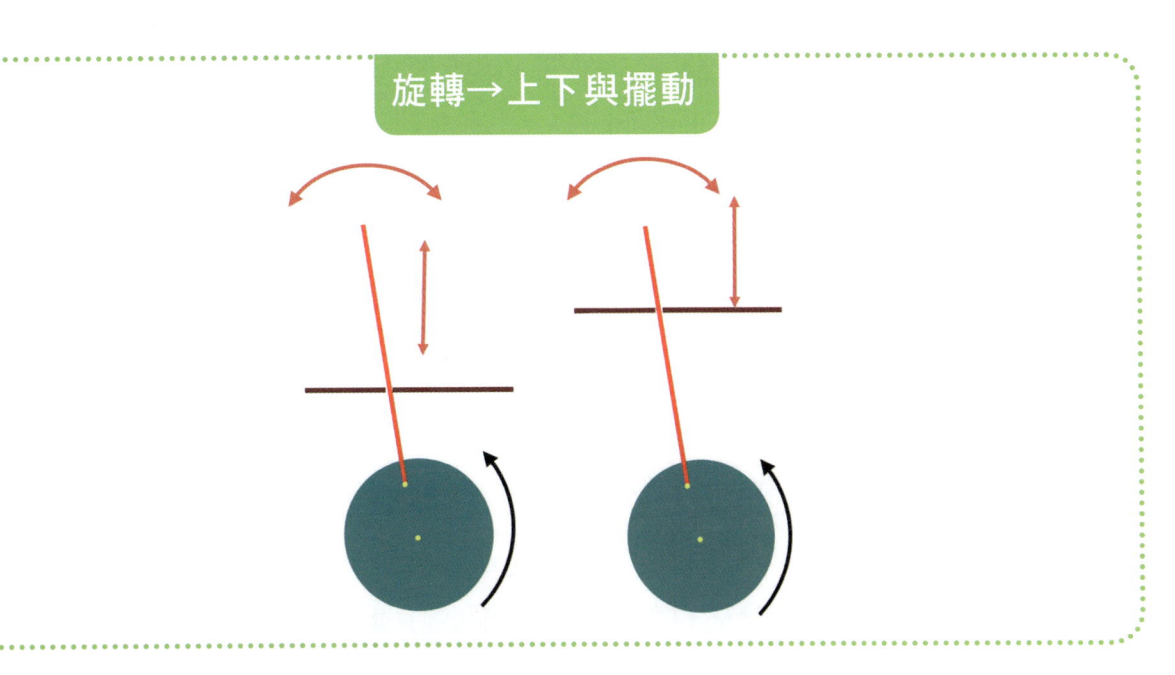

旋轉→直線往復

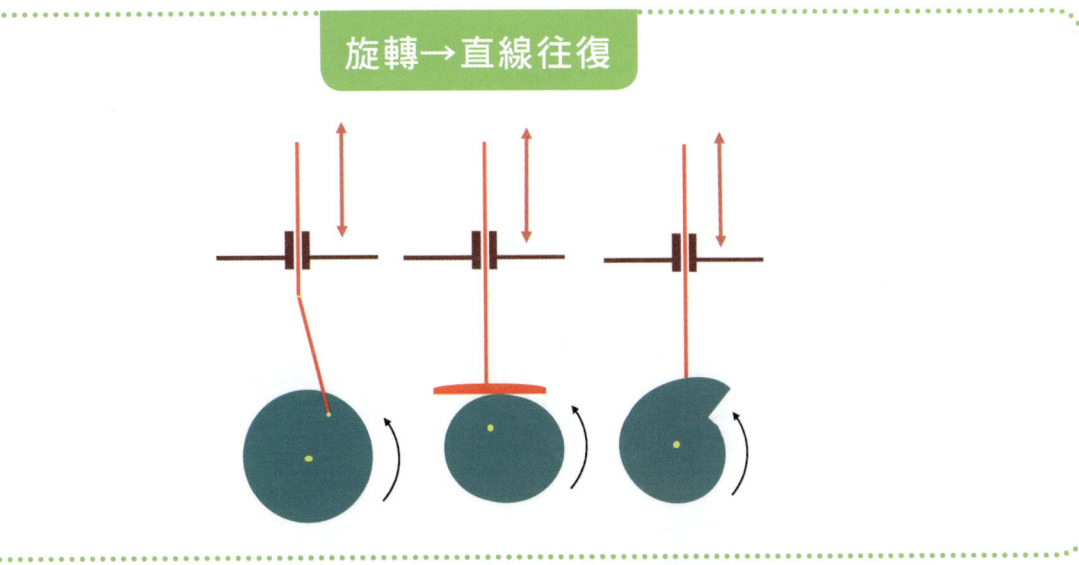

旋轉→空間旋轉、上下

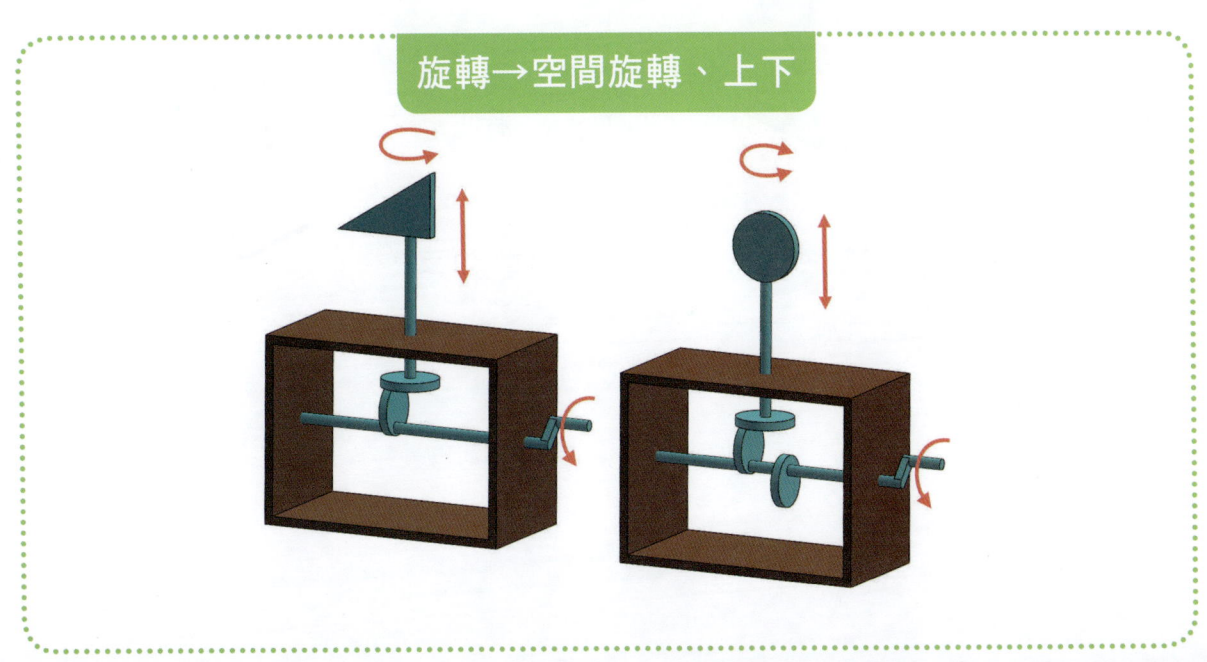

49

圖例中的機構種類有凸輪、連桿等，我們也可以自己設計並製作有趣的連動機構玩具。請參考網路上的例子，想想自己要做出什麼種類的連動機構呢？請先畫出構想圖，你需要製作一個框架，接著將你設計的機構元件依照構想逐一製作與組裝，讓它能夠連動。可以選擇的材料非常多樣化，像是紙板、木材、冰棒棍、塑膠板等皆可。以下的實作範例將使用吸管與連結件，來設計與建造生動的連動機構。

二、手動連動機構套件包介紹

本章機構實作 11 ～機構實作 15 須搭配「手動連動機構套件包」學習，套件包之內容物介紹如下。

零件名稱	圖例	數量	零件名稱	圖例	數量
O 環		10	馬達驅動臂		2
2 叉 90 度接頭		2	2 叉 180 度接頭		6
端面扣釘		8	1 叉接頭		10
關節扣釘		2	大皮帶輪		2
TT 心軸 18mm		2	滑塊		2
滑塊扣釘		2	吸管 30 支		30

Chapter 3　生動的連動機構──Automata

機構實作 11　揮揮手（1）

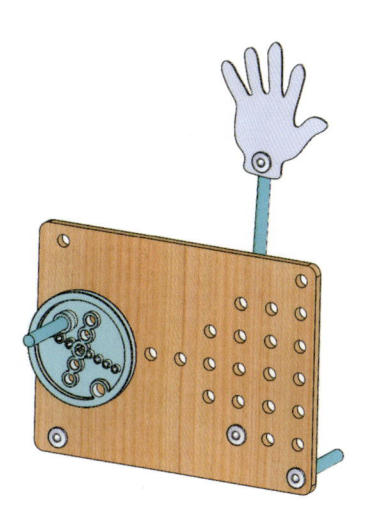

準備材料

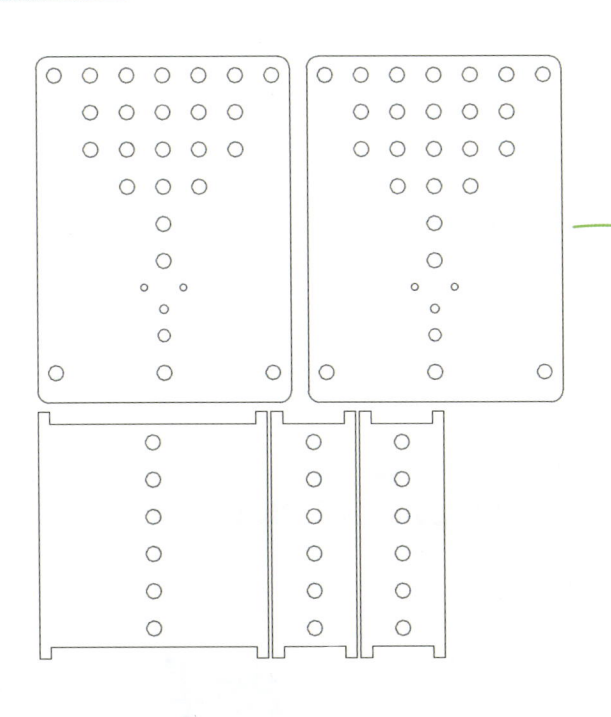

首先需製作底盤與框架，這是一個共用的連動機構設計，使用雷射切割 5mm 後的木合板製作；其實你有更多的選擇，譬如使用木板自行設計再鑽孔組裝，或使用紙盒都可以做出底盤與框架。

※ 分享檔案：底盤 .dxf

Strawbotics 吸管機器人創意設計

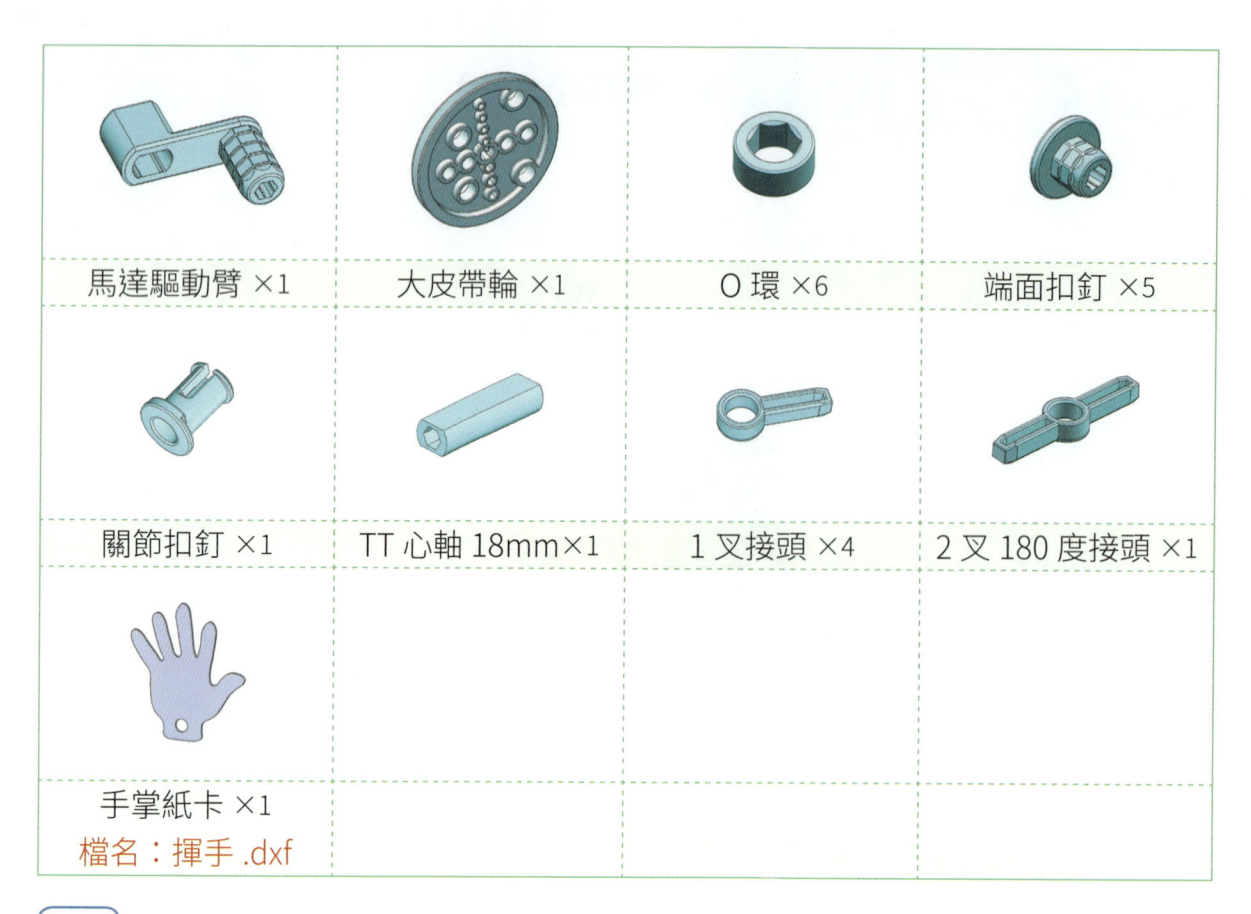

馬達驅動臂 ×1	大皮帶輪 ×1	O 環 ×6	端面扣釘 ×5
關節扣釘 ×1	TT 心軸 18mm×1	1 叉接頭 ×4	2 叉 180 度接頭 ×1
手掌紙卡 ×1 檔名：揮手 .dxf			

吸管

吸管直徑 / 長度	數量	吸管直徑 / 長度	數量
6 mm / 7 cm	2	6 mm / 4.5 cm	4
6 mm / 2 cm	2		

組裝步驟

Step1 ▶ 組裝底盤。

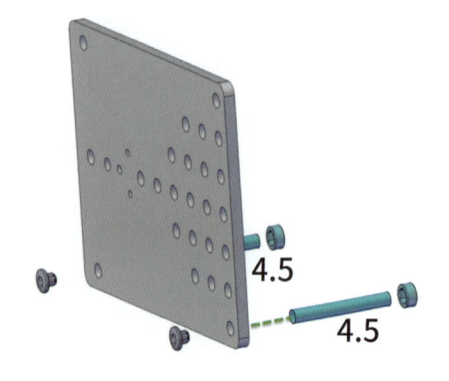

Step2 ▶ 組裝驅動盤。

52

Chapter 3　生動的連動機構──Automata

機構實作 11　揮揮手（1）

Step3 ▶ 以 TT 心軸穿過。

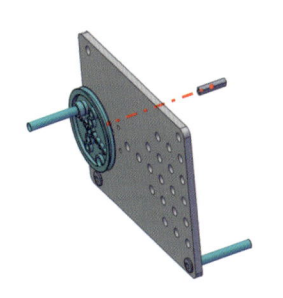

Step4 ▶ 組裝驅動臂。

Step5 ▶ 組裝旋轉支點與固定支點。

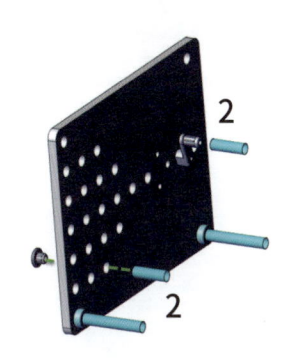

2

2

Step6 ▶ 組裝浮桿與搖桿，中間用關節扣釘組裝連接。

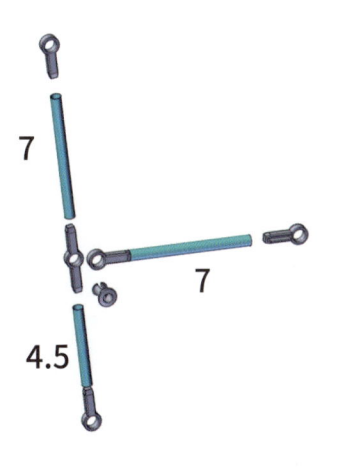

7

7

4.5

Step7 ▶ 使用 O 環固定連桿組位置，並確認能順暢轉動。

環

Step8 ▶ 裝上紙卡，完成。

53

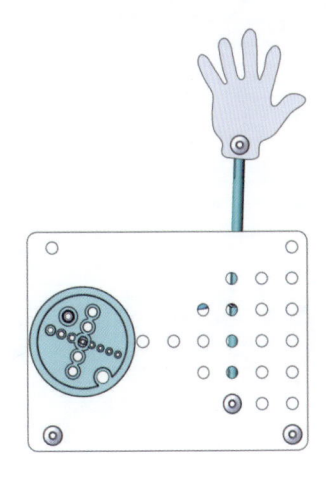

Step9 ▶ 轉動把手,觀察機構的動作。

Step10 ▶ 從背面觀察,曲柄(驅動臂)做旋轉運動,C 點與 D 點做擺動,這個便稱為曲柄搖桿機構。

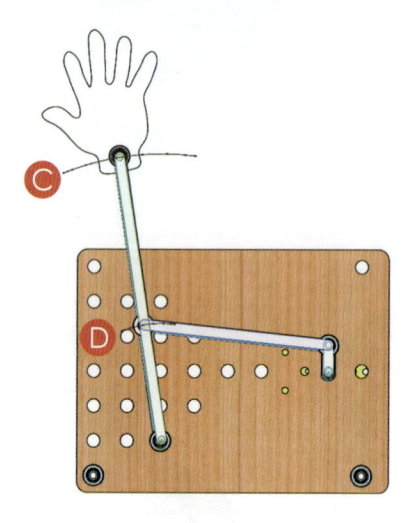

Chapter 3　生動的連動機構──Automata

機構實作 12　揮揮手（2）

我們從第 48 頁介紹的動作方式圖例，可以發現還有另一種可達成的機構動作，它使用了滑塊，利用滑塊帶動搖桿擺動。

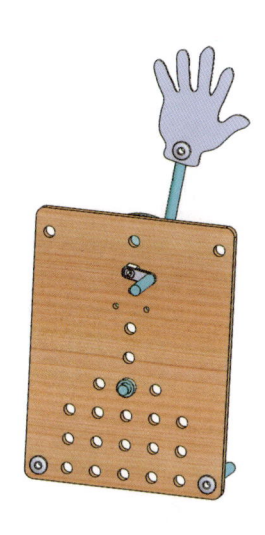

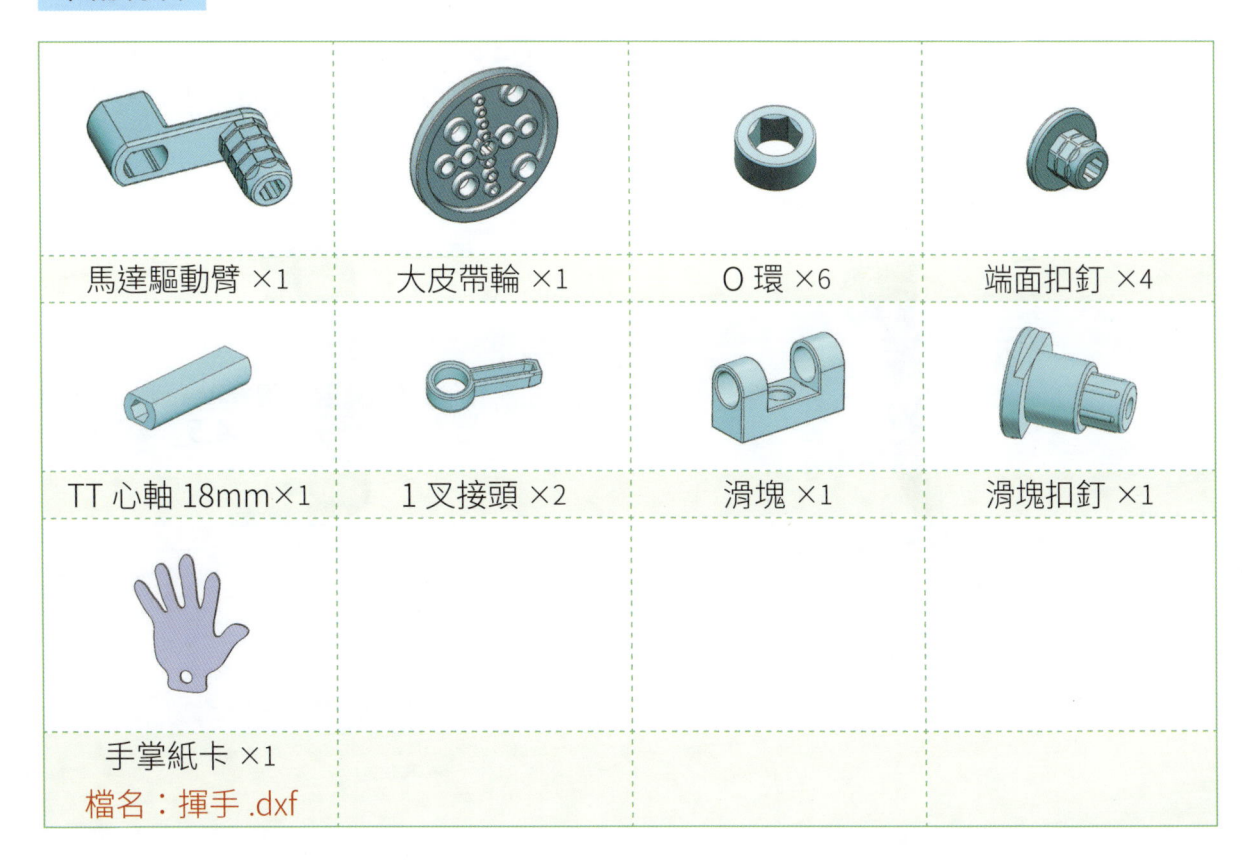

準備材料

馬達驅動臂 ×1	大皮帶輪 ×1	O 環 ×6	端面扣釘 ×4
TT 心軸 18mm×1	1 叉接頭 ×2	滑塊 ×1	滑塊扣釘 ×1
手掌紙卡 ×1 檔名：揮手 .dxf			

Strawbotics 吸管機器人創意設計

(吸管)

吸管直徑 / 長度	數量	吸管直徑 / 長度	數量
6 mm / 12 cm	1	6 mm / 4.5 cm	3
6 mm / 3 cm	1		

組裝步驟

Step1 ▶ 組裝底盤。

Step2 ▶ 以滑塊扣釘組合滑塊與驅動盤。

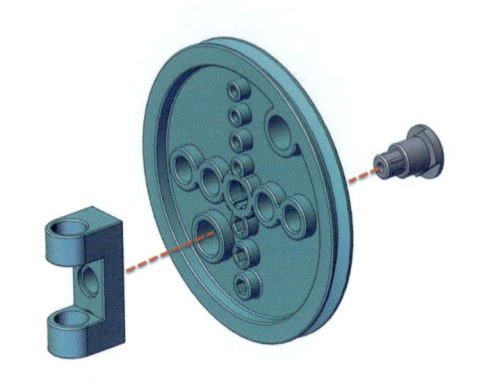

Step3 ▶ 以 TT 心軸穿過連接驅動臂。

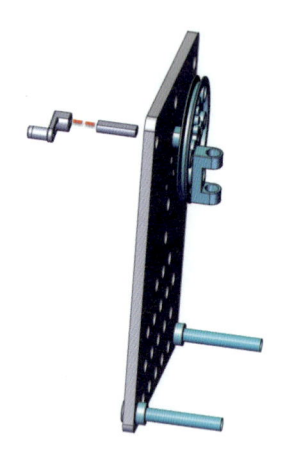

Step4 ▶ 使用 3cm 吸管做把手，4.5cm 吸管組裝固定支點。

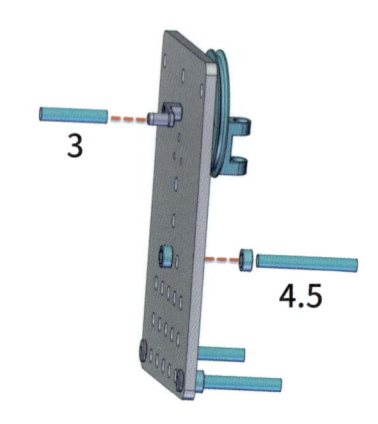

Chapter 3　生動的連動機構──Automata

Step5▶ 使用 12cm 吸管組裝搖桿，穿過滑塊與固定支點組裝，再套上Ｏ環定位。

Step6▶ 裝上紙卡，完成。

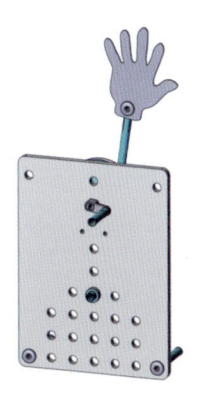

Step7▶ 轉動把手，觀察機構的動作。

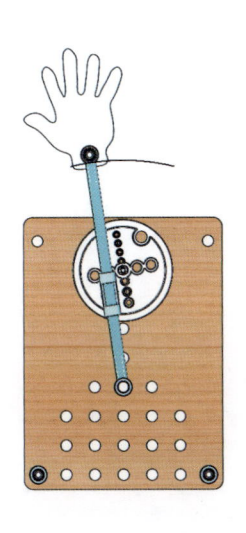

Step8▶ 從背面觀察，滑塊在大皮帶輪做旋轉運動，搖桿被滑塊帶動做擺動，這個便稱為旋轉滑塊曲柄機構。

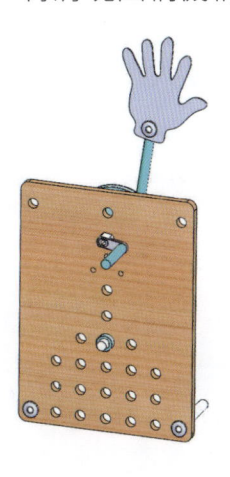

機構實作 12　揮揮手（2）

⌛ **延伸思考**　請將傳動大皮帶輪的心軸，往下移動一孔組裝；轉動把手，觀察機構動手有什麼改變？

57

機構實作 13　小騎士

運用吸管做機構零件，駿馬的身體造型相當於駿馬前後足中間的等效連桿。

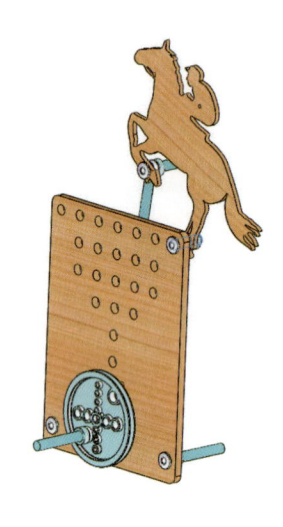

準備材料

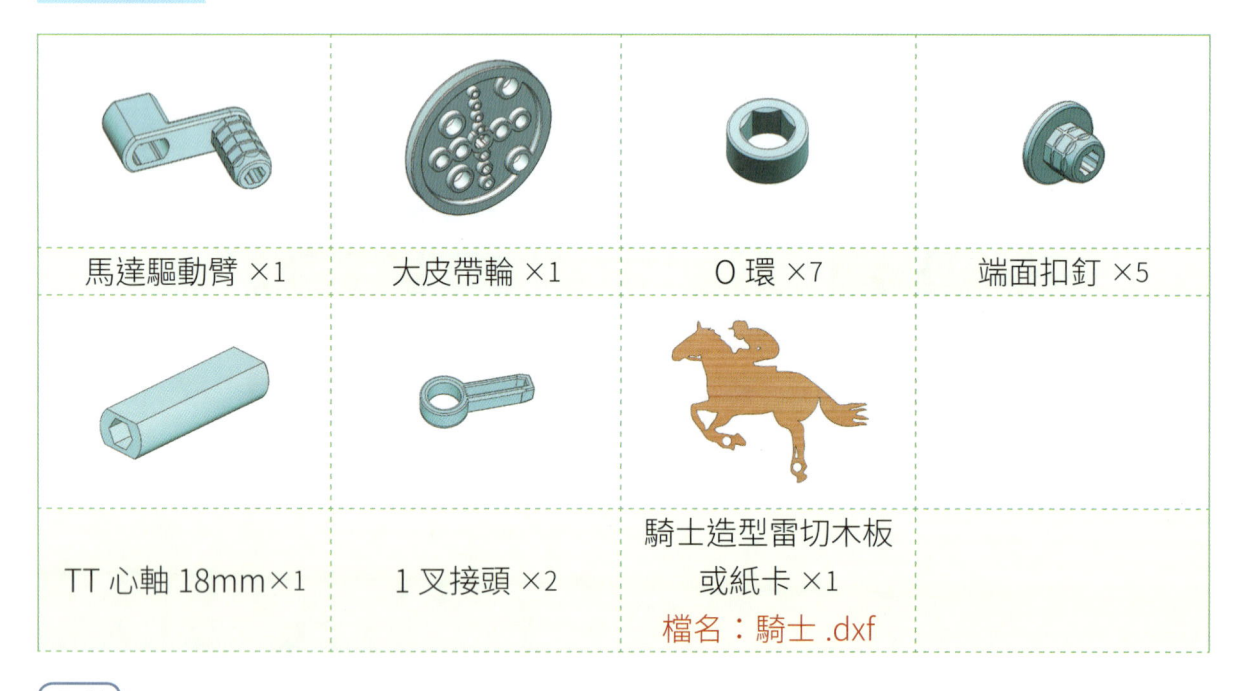

馬達驅動臂 ×1	大皮帶輪 ×1	O 環 ×7	端面扣釘 ×5
TT 心軸 18mm×1	1 叉接頭 ×2	騎士造型雷切木板或紙卡 ×1 檔名：騎士.dxf	

吸管

吸管直徑 / 長度	數量	吸管直徑 / 長度	數量
6 mm / 14 cm	1	6 mm / 2 cm	4

組裝步驟

Step1 ▶ 組裝底盤。

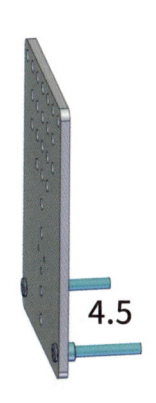

Step2 ▶ 組裝驅動盤。

Step3 ▶ 將 TT 心軸穿過軸孔，固定驅動臂與轉盤。

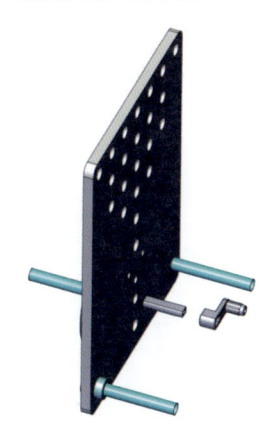

Step4 ▶ 使用 2cm 吸管做固定支點與旋轉支點。

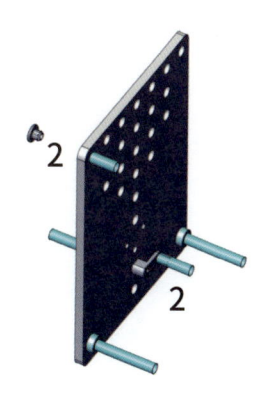

Step5 ▶ 使用 14cm 吸管組裝浮桿。

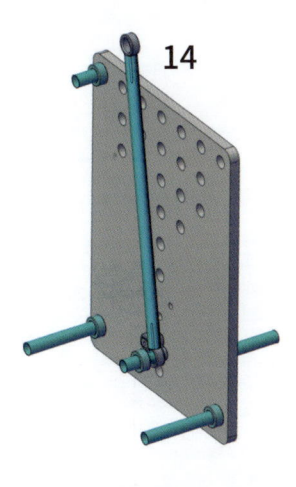

Step6 ▶ 使用 2cm 吸管與端面扣釘，將騎士造型連接，並且用 O 環定位。

Step7 ▶ 轉動把手,觀察機構的動作。

Step8 ▶ 從背面觀察,曲柄(驅動臂)做旋轉運動,C 點與 D 點之間為騎士造型的等效連桿並做擺動,這個機構是曲柄搖桿機構。

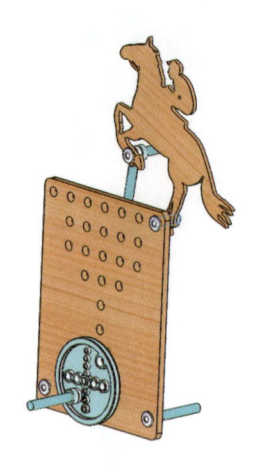

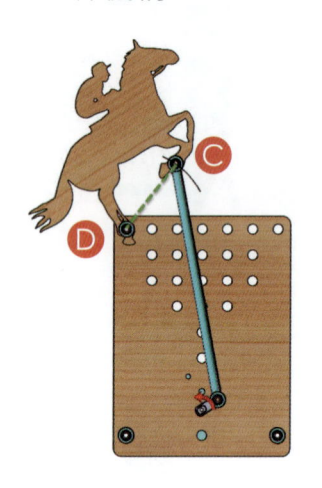

Chapter 3　生動的連動機構──Automata

機構實作 14　小獵犬

讓我們做一個機構，讓小獵犬快樂的蹦蹦跳跳。

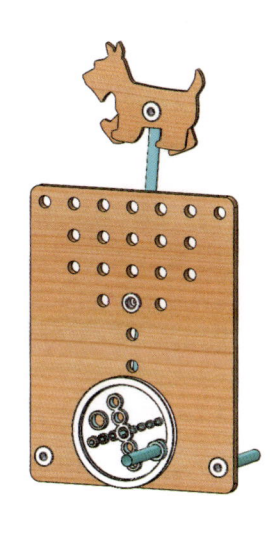

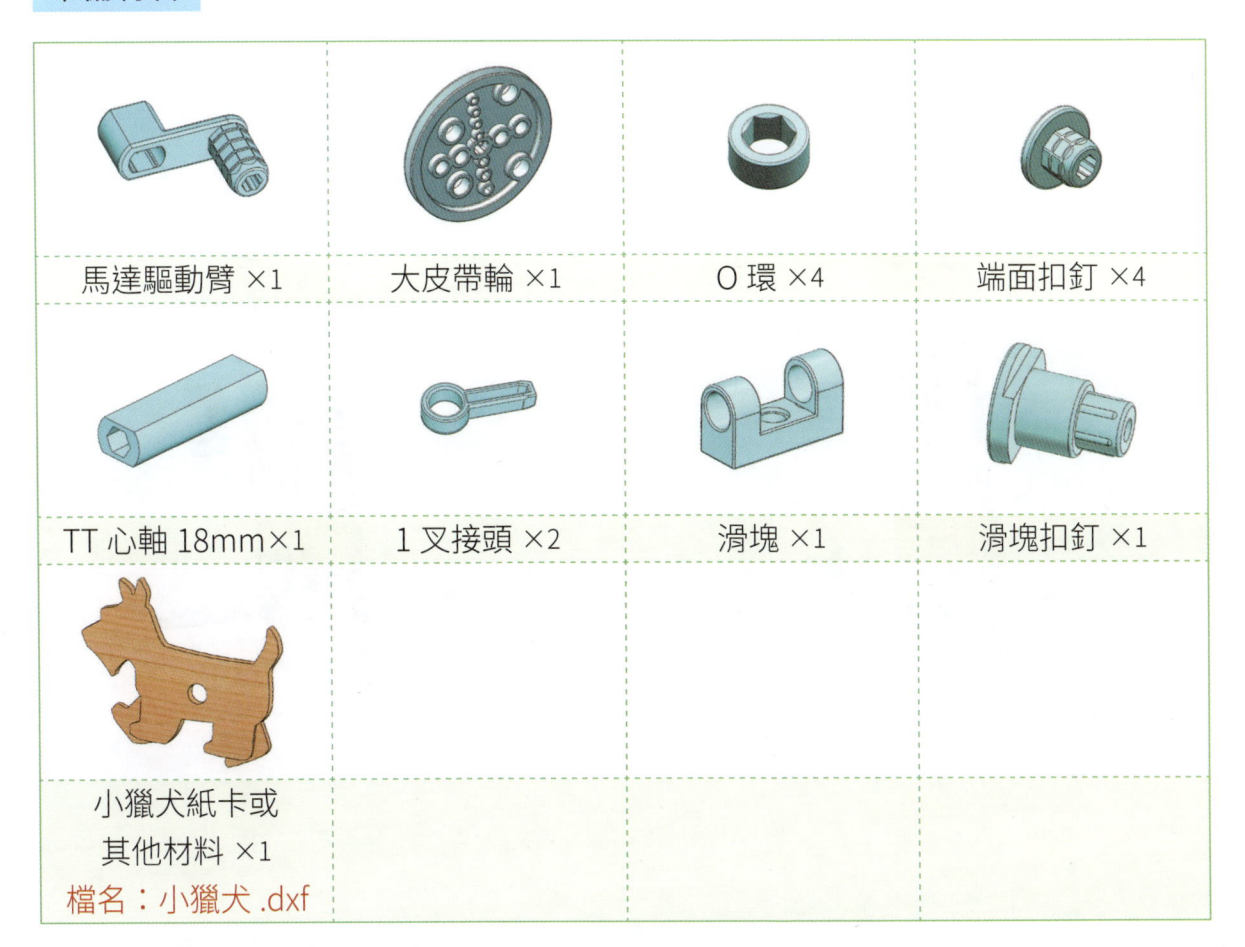

準備材料

馬達驅動臂 ×1	大皮帶輪 ×1	O 環 ×4	端面扣釘 ×4
TT 心軸 18mm×1	1 叉接頭 ×2	滑塊 ×1	滑塊扣釘 ×1
小獵犬紙卡或其他材料 ×1 檔名：小獵犬 .dxf			

61

Strawbotics 吸管機器人創意設計

吸管

吸管直徑 / 長度	數量	吸管直徑 / 長度	數量
6 mm / 14 cm	1	6 mm / 4.5 cm	3
6 mm / 2 cm	2		

組裝步驟

Step1 ▶ 組裝底盤。

Step2 ▶ 組裝驅動盤。

Step3 ▶ 將 TT 心軸穿過軸孔，固定驅動臂與轉盤。

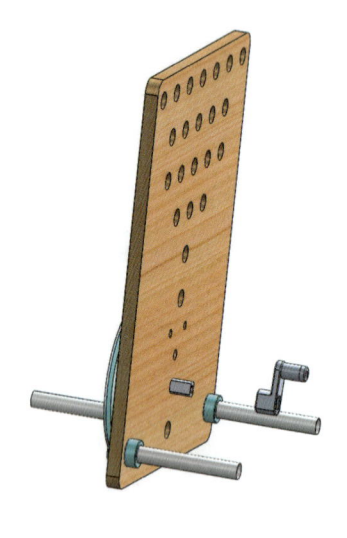

Step4 ▶ 使用 2cm 吸管組裝旋轉支點，使用滑塊扣釘穿過軸孔固定滑塊。

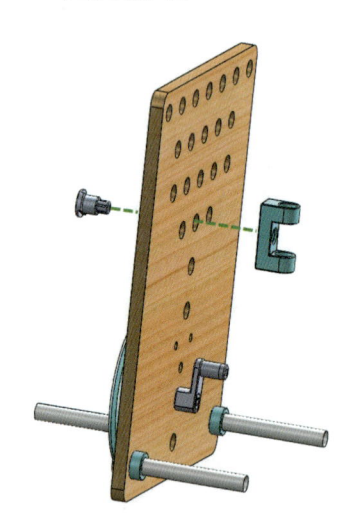

Chapter 3　生動的連動機構──Automata

機構實作 14　小獵犬

Step5 ▶ 使用 14cm 吸管組裝搖桿，穿過滑塊與固定支點組裝，再套上 O 環定位。

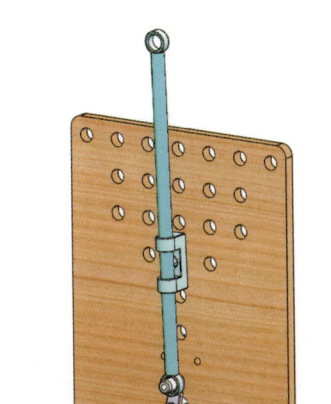

Step6 ▶ 將小獵犬模型，使用吸管零件組裝與固定。

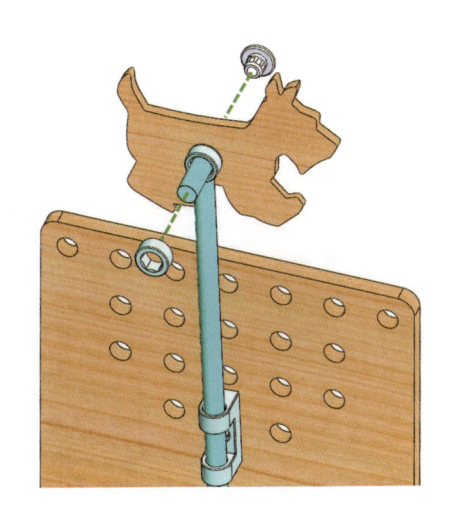

Step7 ▶ 轉動把手，觀察機構的動作。

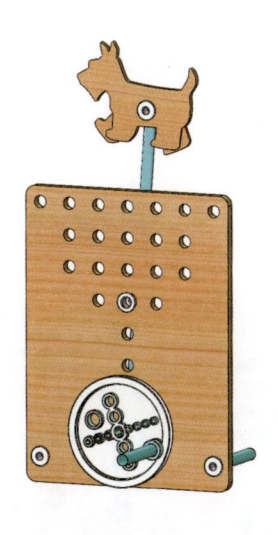

Step8 ▶ 從背面觀察，滑塊只做擺動運動，搖桿被曲柄帶動傳過滑塊做上下與擺動，這個稱為擺動滑塊曲柄機構。

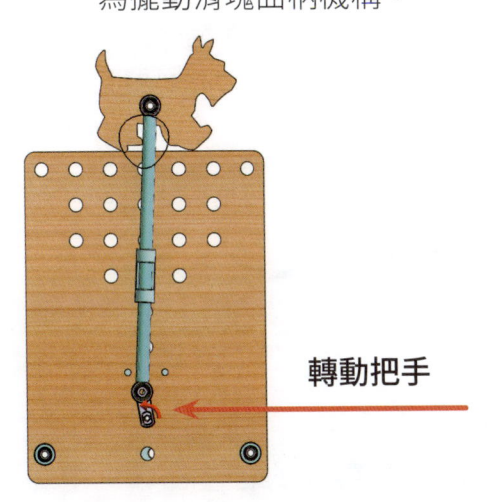

轉動把手

延伸思考　請將轉動的心軸往下移動一孔再組裝，接著轉動把手，觀察機構動作有什麼改變？

63

Strawbotics 吸管機器人創意設計

機構實作 15　以吸管連桿與自做的凸輪組裝更多趣味的連動機構

我們可以使用準備好的雷切底盤來製作更多有趣的機構，你可以使用木板或其他材料去組裝框架，再製作各種形狀的凸輪、摩擦輪，設計與組裝更多樣的創意機構。

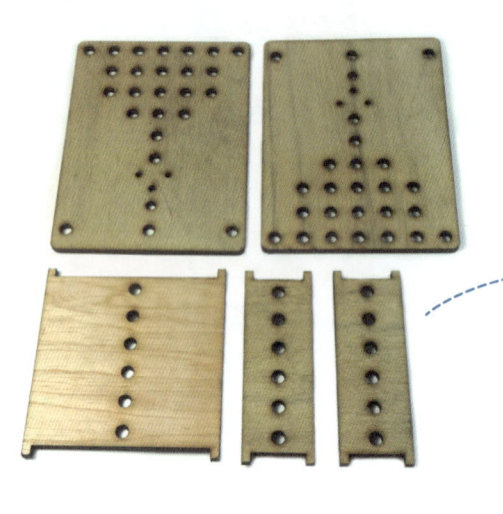

Ⓐ 組裝好的框架，具有上下與左右三度空間的組合位置。

Ⓑ 自己製作的各種凸輪，中間孔與 6mm 吸管緊配，由左至右分別為方形凸輪、蝸牛凸輪、蛋型凸輪、摩擦盤、偏心輪。

檔名：凸輪 .dxf

Chapter 3　生動的連動機構──Automata

C 使用硬紙盒也可以做成框架，輕鬆設計與製作連動機構。

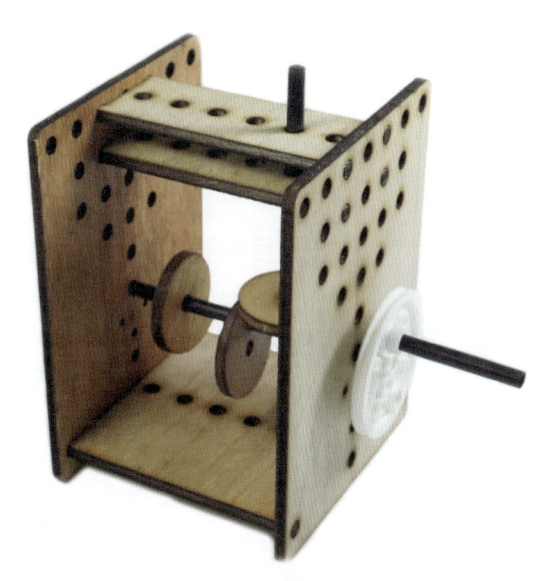

透過這些方便的素材，我們可以參考其他作品，設計並製作自己的連動機構，開始動手吧！

機構實作 15
以吸管連桿與自做的凸輪組裝更多趣味的連動機構

65

Chapter 3　實作題

題目名稱：小騎士：曲柄搖桿機構　　　　　　　　　　　50 mins

題目說明：請配合雷切製作底盤與造型，組裝「小騎士」機構模型，轉動手輪，使機構能運動順暢。

成品圖

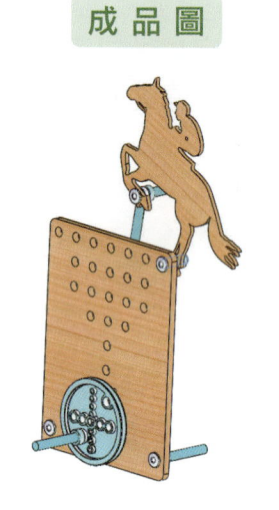

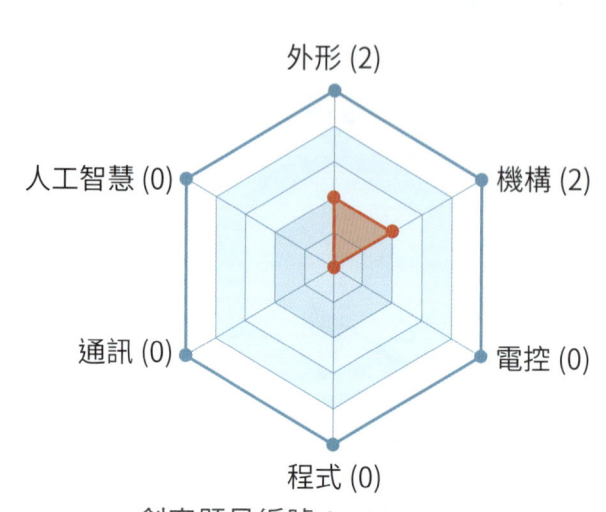

外形 (2)
機構 (2)
電控 (0)
程式 (0)
通訊 (0)
人工智慧 (0)

創客指標

外形	2
機構	2
電控	0
程式	0
通訊	0
人工智慧	0
創客總數	4

創客題目編號：B007003

題目名稱：小獵犬：擺動滑塊曲柄機構　　　　　　　　　50 mins

題目說明：請配合雷切製作底盤與造型，組裝「小獵犬」機構模型，轉動手輪，使機構能運動順暢。

成品圖

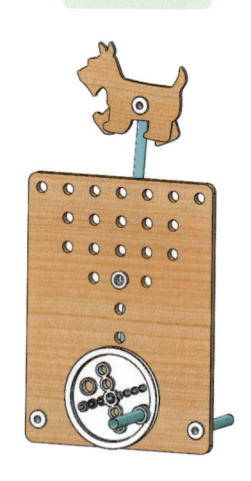

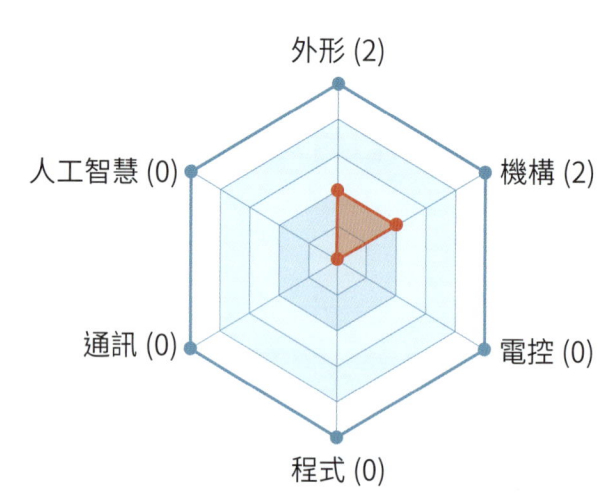

外形 (2)
機構 (2)
電控 (0)
程式 (0)
通訊 (0)
人工智慧 (0)

創客指標

外形	2
機構	2
電控	0
程式	0
通訊	0
人工智慧	0
創客總數	4

創客題目編號：B007004

Chapter 4

吸管機構機器人的進階控制應用

在第二章的內容中,我們介紹了以單馬達驅動,使用電池盒供電的仿生機構機器人。第三章中我們介紹了使用手動方式製作趣味的連動機構玩偶。這兩類的區別,在於使用了不同形式的動力來源與控制方式,簡單來說,可以分為「手動」與「直接電動控制」。

本章我們將繼續利用吸管做結構與機構,並且採用不同的動力來源與控制方式。

一、風動力機構

　　將風能轉變成旋轉動能，再透過各種機件的組合做出生動的連動機構，稱為風動機構（whirligig），在網路搜尋關鍵字「whirligig」，將會發現許多有趣的圖片與影片，這些都是以風車扇葉帶動的動態機構例子。如圖 4-1 所示，我們可以發現當葉片轉動帶動曲柄後，便拉著熊的身體前後擺動。在接下來的內容，我們將使用吸管連接件，一樣可以組裝出可愛的風動力連動機構！

● 圖 4-1　風動力連動機構──釣魚熊

註　引用自 https://cherrytreetoys.com/fishing-bear-whirligig-hardware-kit/

　　使用風能作為動力來源，創作自己的風動力連動機構，既省成本又環保。吸管機器人提供了使用風動力的扇葉零件，由風力帶動風扇傳動曲柄，作全周旋轉運動，再藉由不同設計的連桿機構，可以輸出擺動、旋轉等不同的效果。

　　在接下來的內容，我們將使用吸管連接件（風動力機構套件包），配合其他材料，例如木板雷切造型，紙卡等，設計製造自己的風動力連動機構。

● 圖 4-2 運用風能運轉的扇葉零件
　　（風動力機構套件包）

二、風動力機構套件包介紹

本章機構實作 16～機構實作 18 須搭配「風動力機構套件包」學習，套件包之內容物介紹如下。

零件名稱	圖例	數量	零件名稱	圖例	數量
O 環		17	馬達驅動臂		2
2 叉 90 度接頭		6	2 叉 180 度接頭		6
端面扣釘		6	1 叉接頭		8
關節扣釘		4	平行 3 叉接頭		2
大皮帶輪		1	TT 心軸 18mm		2
TT 吸管接頭		2	TT 傳動曲柄		1
風扇組合零件		1	吸管 30 支		30

機構實作 16　風動力六足機器人

　　風動力六足機器人的構想源自於日本的 Craftel [註1]，原設計是使用紙張製作葉片與各部分的連桿與造型，在這個實作中，我們將使用吸管輕鬆組裝製作 [註2]。

準備材料

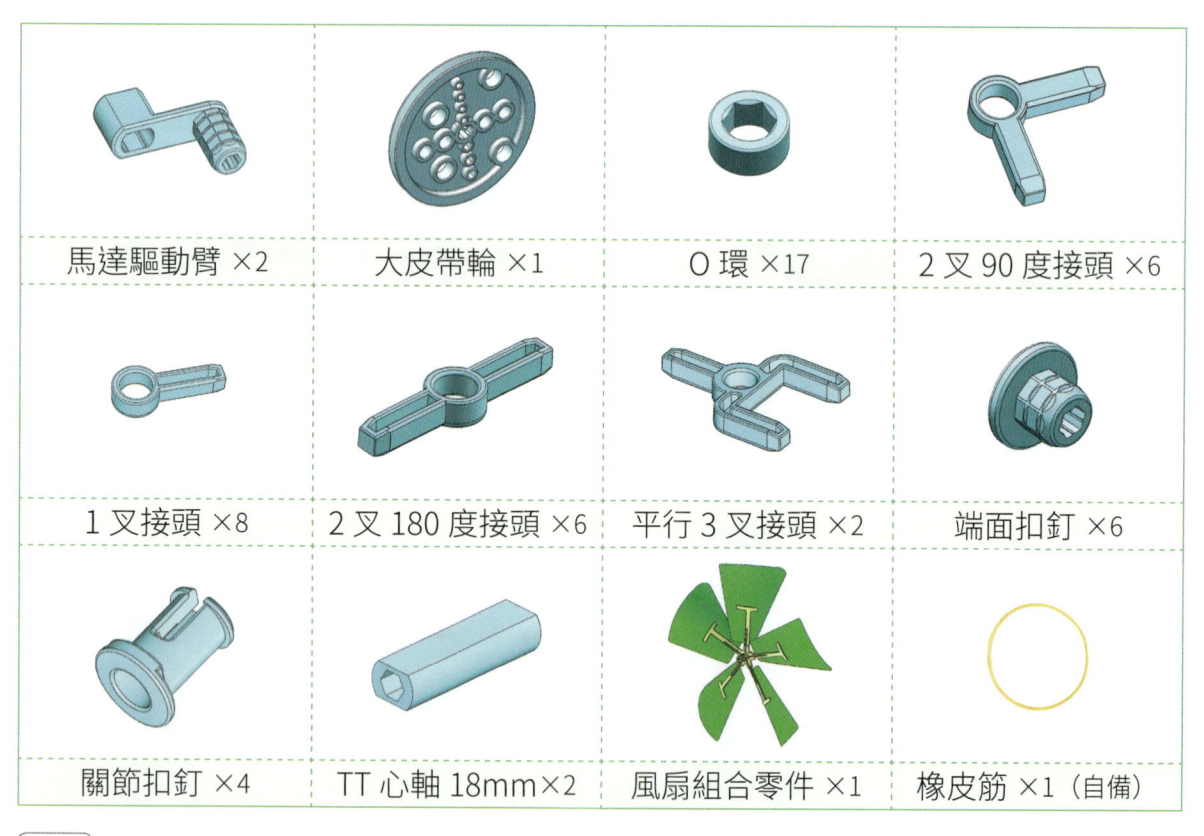

馬達驅動臂 ×2	大皮帶輪 ×1	O 環 ×17	2 叉 90 度接頭 ×6
1 叉接頭 ×8	2 叉 180 度接頭 ×6	平行 3 叉接頭 ×2	端面扣釘 ×6
關節扣釘 ×4	TT 心軸 18mm ×2	風扇組合零件 ×1	橡皮筋 ×1（自備）

[註1] Craftel：Instant robot powered by wind 參考自 http://craftel.org/。
[註2] 由林啟政老師轉化 Craftel 以吸管組裝之風動力六足機器人。

吸管

吸管直徑 / 長度	數量	吸管直徑 / 長度	數量
6 mm / 20 cm	1	6 mm / 8 cm	4
6 mm / 7 cm	2	6 mm / 5 cm	4
6 mm / 4 cm	6	6 mm / 3 cm	8
6 mm / 2.5 cm	2		

組裝步驟

Step1▶ 製作 2 組本體支架。

Step2▶ 使用平行 3 叉接頭連接 2 支架。

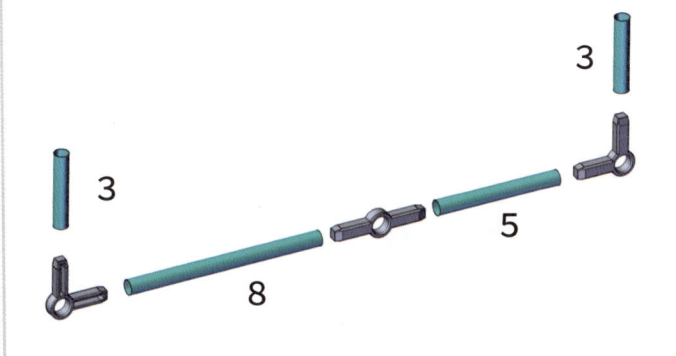

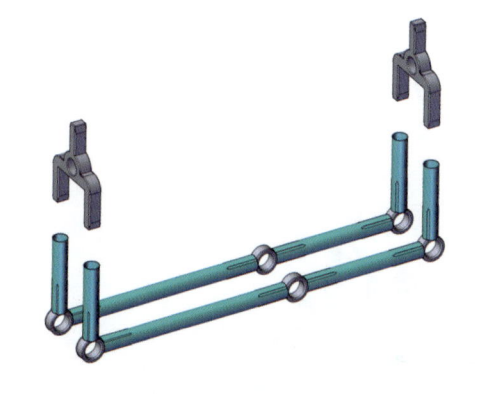

Step3▶ 將大皮帶輪一側墊入 O 環，使用 2 個 TT 心軸串起。

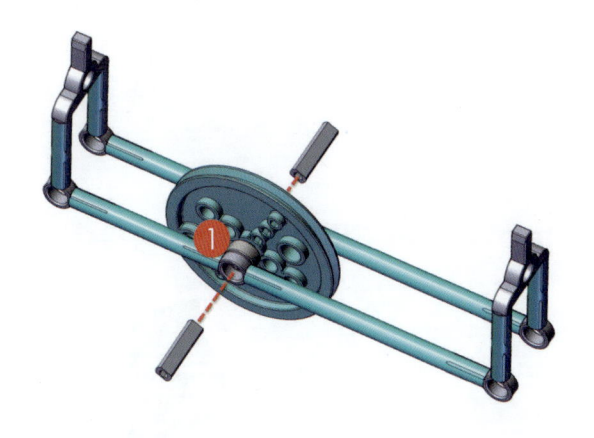

Step4▶ 組裝驅動臂與延伸桿，兩個驅動臂呈 180 度差。

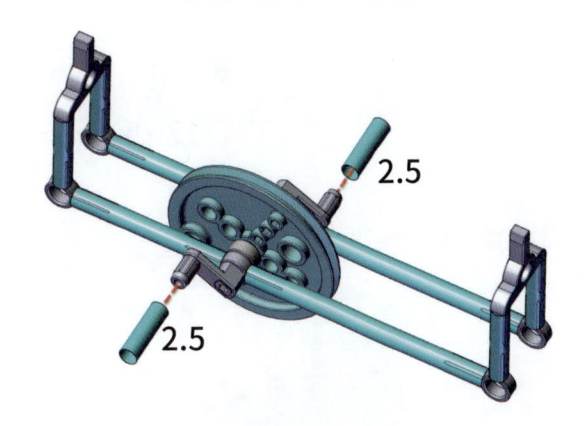

Strawbotics 吸管機器人創意設計

Step5 ▶ 組裝橫向支架 7cm，並裝上 O 環定位。

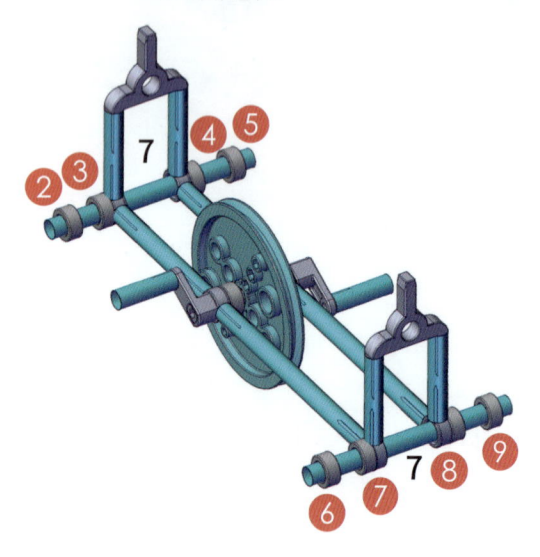

Step6 ▶ A、C 為前後足，B 為中足，D 為拉桿，各組裝 2 組。

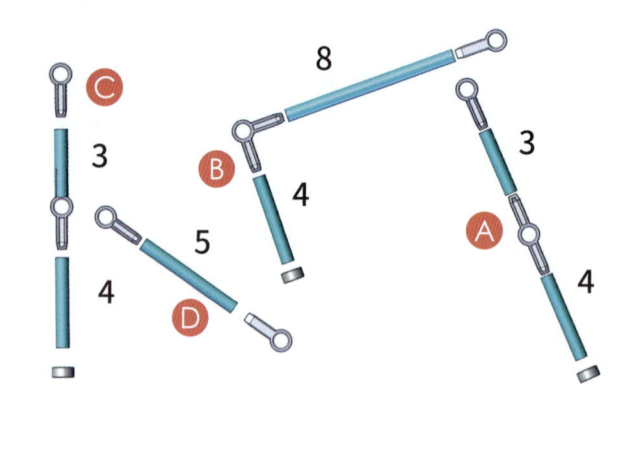

Step7 ▶ 使用關節扣釘與端面扣釘將一側的腳依序定位。

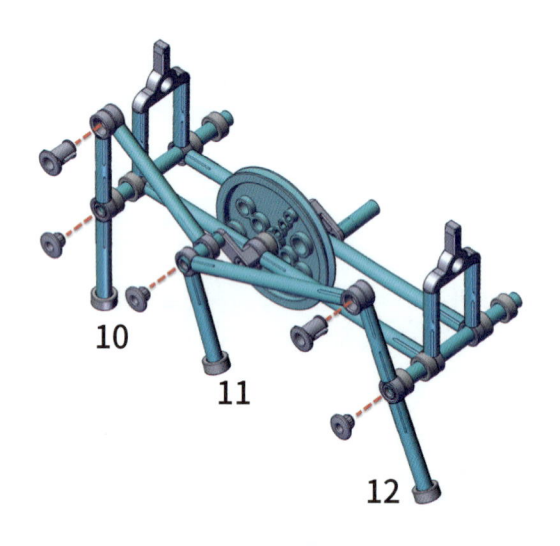

Step8 ▶ 依照鏡射方式組裝另一側足部。

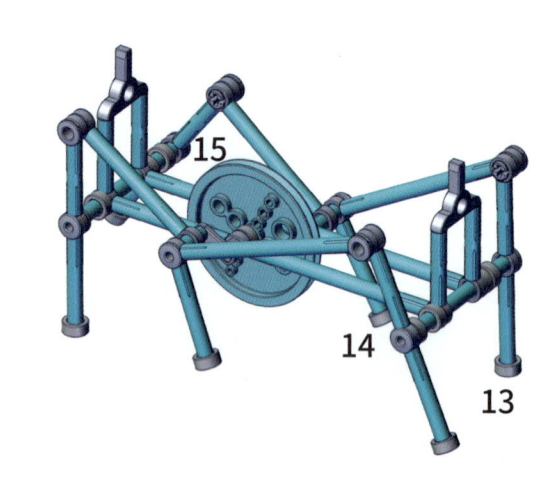

Step9 ▶ 組裝風扇組件。

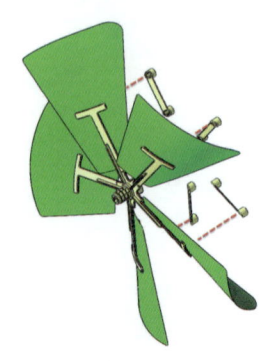

Step10 ▶ 將風扇以 20cm 吸管接合。

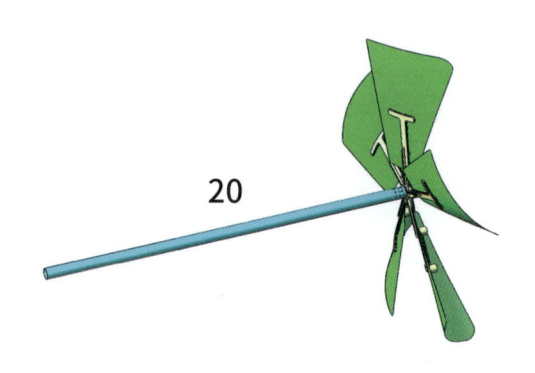

Step11▶ 組裝葉片時,將橡皮筋繞過大皮帶輪並穿過轉軸,當心軸轉動,橡皮筋便會帶動皮帶輪旋轉。
請試試看,橡皮筋從右到左穿過心軸,與從左到右穿過心軸,轉向發生什麼變化?

Step12▶ 橡皮筋如果太緊,可以將它拉鬆一些再套上,心軸前後使用 O 環定位心軸,完成。

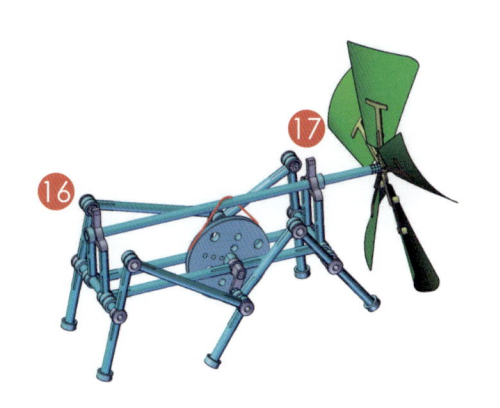

延伸思考 請用電風扇吹動葉片,六足機器人會緩步向前行走。

● 圖 4-3　風動力六足機器人完成實際模型

Strawbotics 吸管機器人創意設計

三、風動力連動機構的應用與創作

機構實作 17　釣魚熊

　　我們參考圖 4-1 釣魚熊造型作為範例,介紹使用吸管與連接件來創作風動力連動機構。利用風力帶動曲柄,轉換成熊身體的擺動,做出靈活的釣魚動作。

準備材料

O 環 ×7	1 叉接頭 ×2	TT 心軸 18mm×1	TT 吸管接頭 ×1
TT 傳動曲柄 ×1	風扇組合零件 ×1	小羊眼釘 ×1（自備）	m2×5×8 尖尾螺釘 ×3（自備）

74

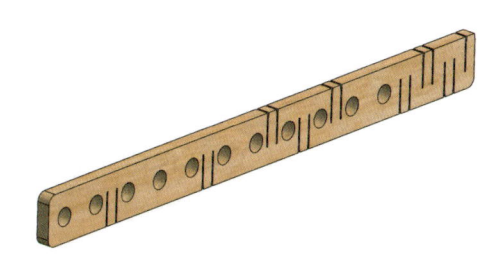

Chapter 4　吸管機構機器人的進階控制應用

機構實作 17　釣魚熊

風動支架 ×1
（使用 5mm 椴木板或合板雷切，
檔名：風動支架.dxf）

造型零件 ×1
（使用 3mm 椴木板雷切，
檔名：釣魚熊.dxf）
（黑色：切割；紅色：雕刻；
綠色：淺切割造型）

★另自備 #22 不銹鋼線 60mm；釣魚線 120mm。

吸管

吸管直徑 / 長度	數量	吸管直徑 / 長度	數量
6 mm / 12 cm	1	6 mm / 5 cm	1
6 mm / 3 cm	2	6 mm / 2.5 cm	4

75

Strawbotics 吸管機器人創意設計

組裝步驟

Step1 ▶ 使用 3cm 吸管與 1 叉接頭做支撐桿。

Step2 ▶ 依序組裝轉動軸
① TT 傳動曲柄
② TT 心軸
③ TT 吸管接頭
④ O 環
⑤ 5cm 吸管。

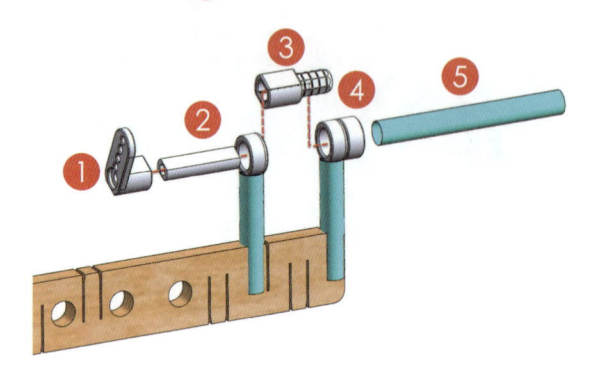

Step3 ▶ 使用 2.5cm 吸管與 O 環固定造型零件。

Step4 ▶ 使用 O 環固定另一側造型零件，熊的身體與魚以 m2 尖尾螺釘固定，做為旋轉中心。

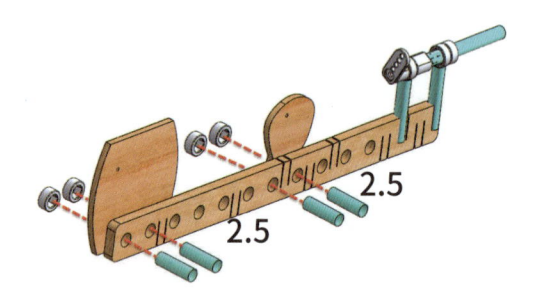

Chapter 4　吸管機構機器人的進階控制應用

Step5 ▶ 熊的身體裝上小羊眼釘，傳動曲柄鎖上 m2 尖尾螺釘固定做為驅動旋轉中心，並用 #22 鋼線連接，注意鋼線要在 m2 尖尾螺釘上繞 1 個環，以利順利做全周轉動。

Step6 ▶ 組裝風扇，裝上 12cm 吸管轉動軸。

12

Step7 ▶ 完成！使用電扇吹看看，觀察有趣的連動機構——釣魚熊如何動作。你也可以放在室外，輕微的風就可以讓風動力機構不斷運轉。

機構實作 17

釣魚熊

77

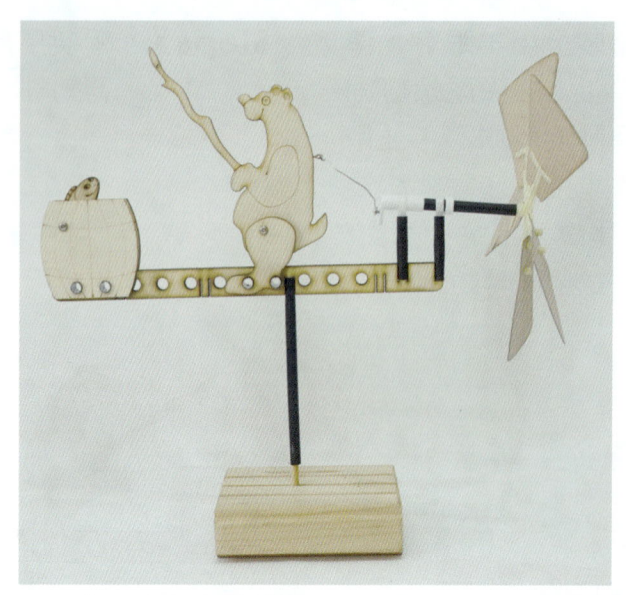

● 圖 4-4 「風動力連動機構——釣魚熊」完成的實際模型

Chapter 3 手動的連動機構模型也可以轉移成風動力連動機構，例如圖 4-5「風動力連動機構——騎士」完成的實際模型。

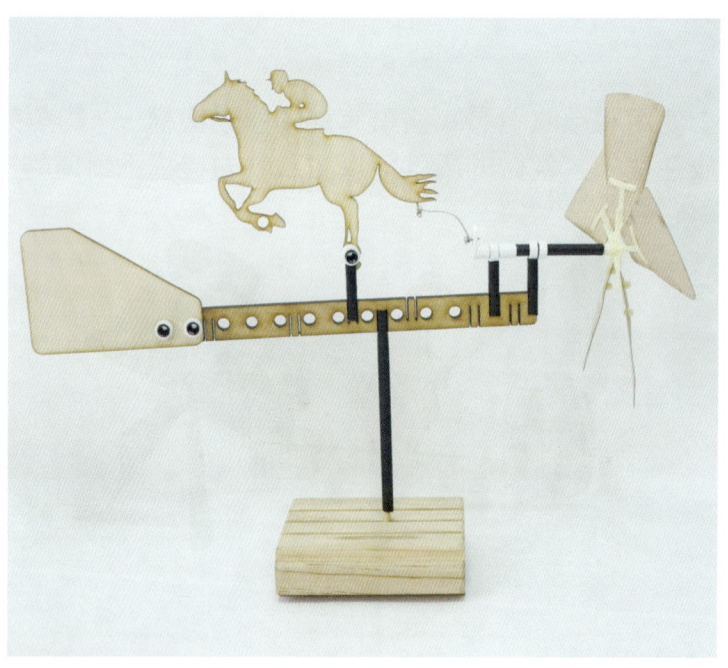

● 圖 4-5 「風動力連動機構——騎士」完成的實際模型

Chapter 4　吸管機構機器人的進階控制應用

機構實作 18　工作者

　　本實作參考網路上風動機構工作者的造型，應用小輪傳動大輪，來完成機構減速與增加扭力的效果，風力帶動的旋轉運動，輸出工作者緩慢轉動大輪的動作，非常具有臨場感。

準備材料

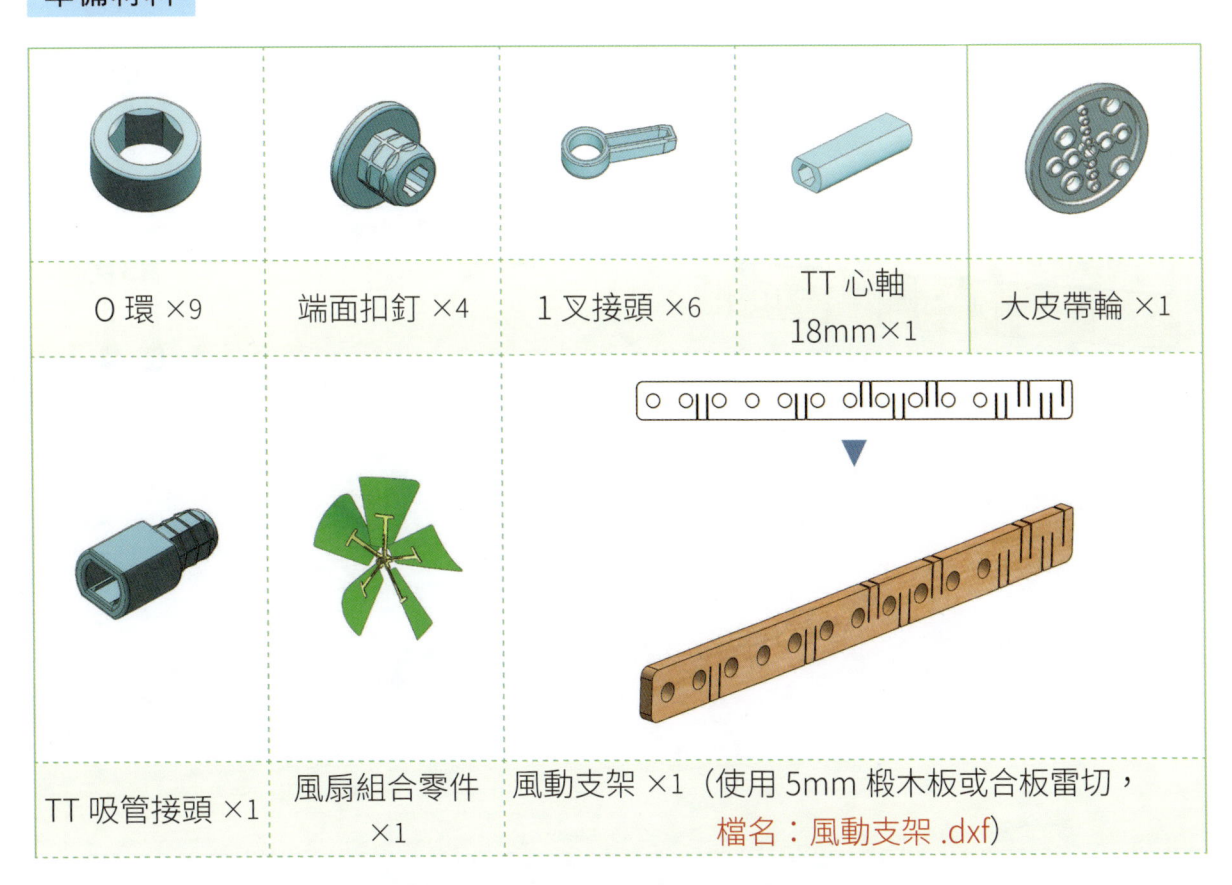

O 環 ×9	端面扣釘 ×4	1 叉接頭 ×6	TT 心軸 18mm×1	大皮帶輪 ×1

TT 吸管接頭 ×1	風扇組合零件 ×1	風動支架 ×1（使用 5mm 椴木板或合板雷切，檔名：風動支架 .dxf）

79

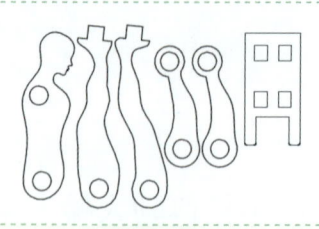

Strawbotics 吸管機器人創意設計

造型零件 ×1	尾翼 ×1
（使用 5mm 椴木板或合板雷切， 檔名：工作者 .dxf）	（使用 3mm 椴木板雷切， 檔名：風動 - 尾翼 .dxf）

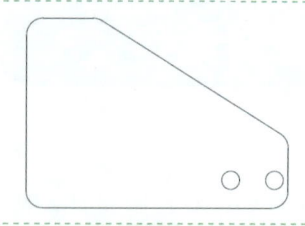

★另自備橡皮筋 1 條。

[吸管]

吸管直徑 / 長度	數量	吸管直徑 / 長度	數量
6 mm / 12 cm	1	6 mm / 7 cm	1
6 mm / 5 cm	3	6 mm / 3 cm	4
6 mm / 2 cm	2	6 mm / 1.5 cm	2

Step1▶ 使用 5cm 吸管與 1 叉接頭做上方支撐孔。

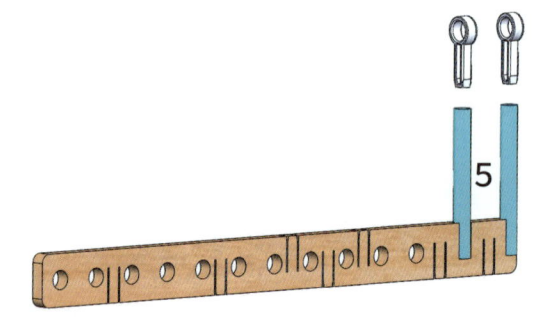

Step2▶ 使用 3cm 吸管與 1 叉接頭做下方支撐孔。

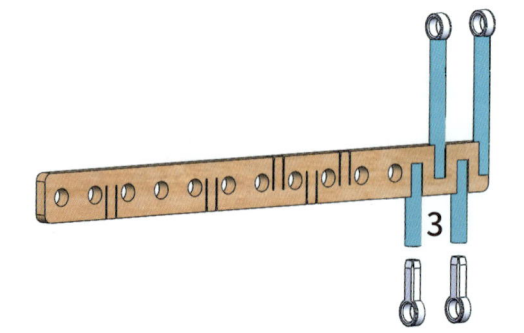

Chapter 4　吸管機構機器人的進階控制應用

Step3▶ 依序組裝從動軸，
1. 大皮帶輪
2. TT 心軸
3. TT 吸管接頭
4. 1.5cm 吸管
5. O環。

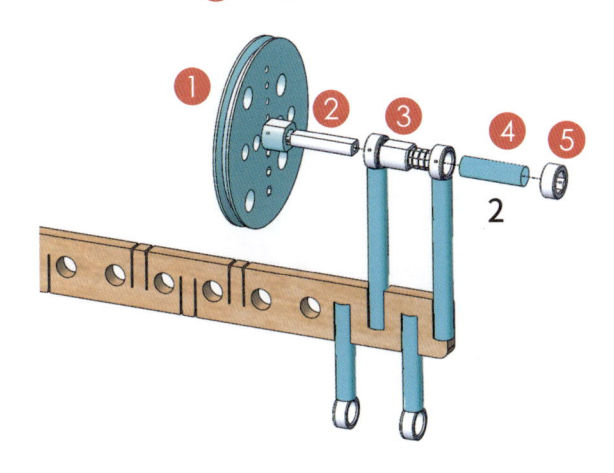

Step4▶ 依序組裝主傳動軸。7cm 吸管套上 3 個 O 環定位，第 1 個與 1 叉接頭保留 2mm 間隙，做為小皮帶輪功能位置。

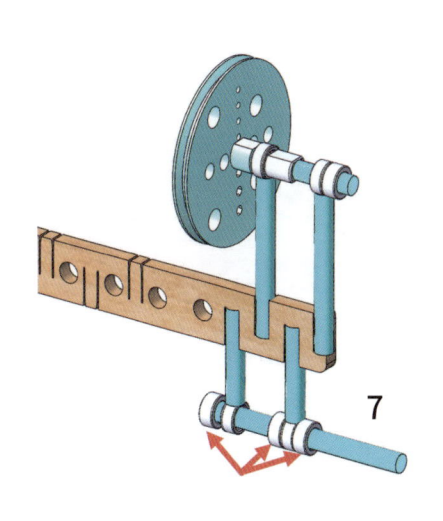

Step5▶ 使用 1.5cm 吸管與端面扣釘將工作者造型與底板組裝起來。

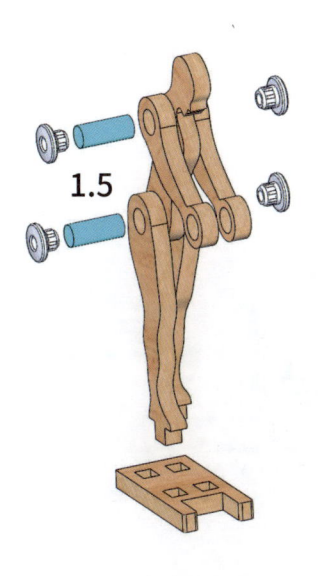

Step6▶ 使用 3cm 吸管與 2 支 1 叉接頭將工作者與支架組裝在一起。

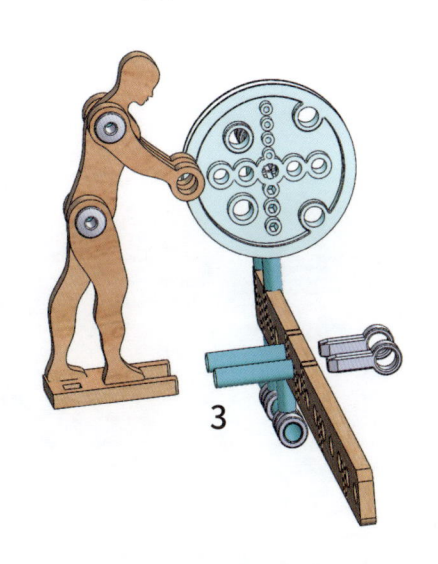

機構實作 18

工作者

👤 Strawbotics 吸管機器人創意設計

Step7▶ 用 5cm 吸管、❶O 環與❷端面扣釘將工作者與大皮帶輪連動。

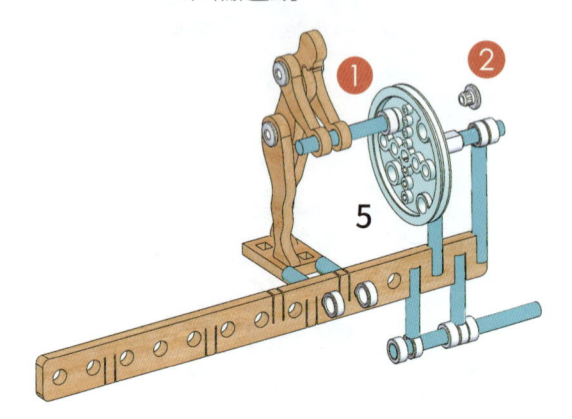

Step8▶ 套上傳動的橡皮筋，如果覺得太緊，可以將橡皮筋拉鬆再套上。

Step9▶ 用 2cm 吸管、4 個 O 環固定尾翼。

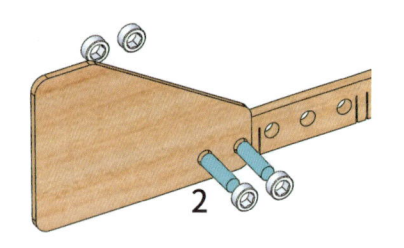

Step10▶ 組裝風扇以及 12cm 吸管的圓柱，完成。

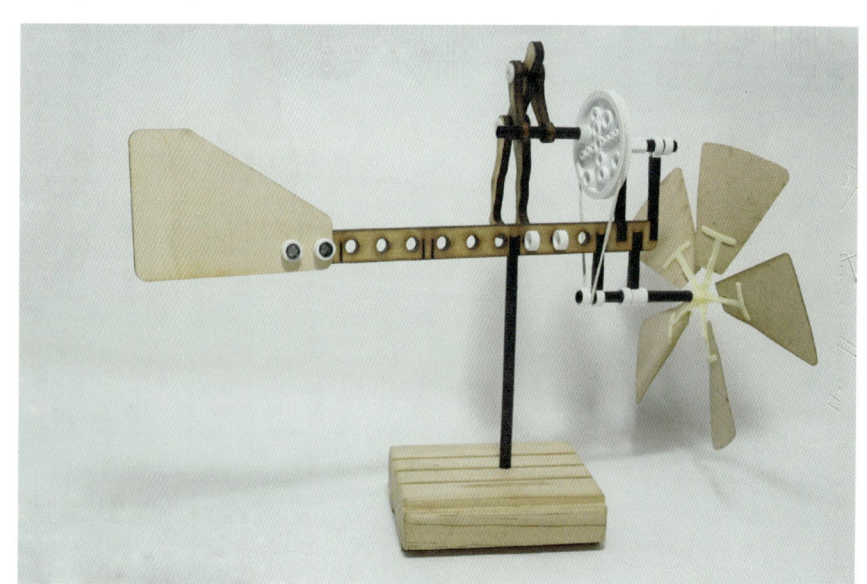

● 圖 4-6 「風動力連動機構──工作者」完成的實際模型

82

四、機器人運動與控制模式

一般的機器人分為輪型機器人（圖 4-7）與足型機器人（圖 4-8）兩種形式，輪型機器人結構簡單成本也較低，由馬達轉動動力來運動，相對沒有變化。本書介紹的是多種形態的足型運動機器人，是多連桿以單馬達控制的形式，利用連桿的機構達到近似動物行走的規律與循環，以減少動力源的數目，所以在電路控制較容易，但多為單純的反覆跨步機構，運動模式受到限制。

在第二章使用電池盒供電的 ON/OFF 只能控制機器人的單向前進與停止。直流馬達透過電路切換可以讓馬達正反轉與停止，單馬達的機器人可以前進、後退、停止。用雙馬達製作足型機器人，再配合控制電路設計應用，則能讓機器人做前進、後退、左轉彎、右轉彎與停止。

以下介紹簡單電路設計的四路線控盒，能以搖動復位開關，採用傳輸線控，最多可以控制 4 個直流馬達的正反轉與停止。

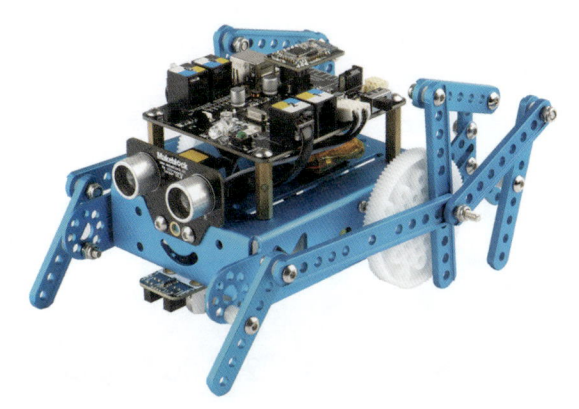

- 圖 4-7　輪型機器人（以 mbot 為例）
- 圖 4-8　足型機器人（以 mbot 為例）

一　雙馬達吸管機器人與四路線控盒

我們以第二章的六足吸管機器人為範本，擴展成以雙馬達控制的六足吸管機器人，六足機器人兩側各有三足，分別由獨立的馬達控制，可以維持接觸地面的投影面積，達成行走時的穩定性；四路線控盒以搖動復位開關，控制雙馬達動力的六足吸管機器人，能做前進、後退、左轉彎、右轉彎與停止等動作。

Strawbotics 吸管機器人創意設計

機構實作 19　雙馬達六足機器人

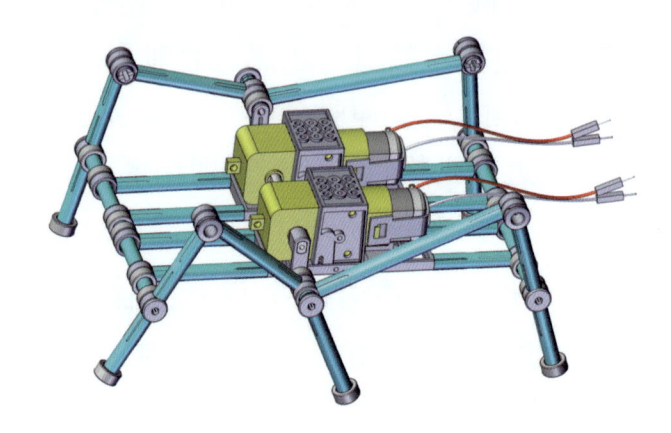

準備材料

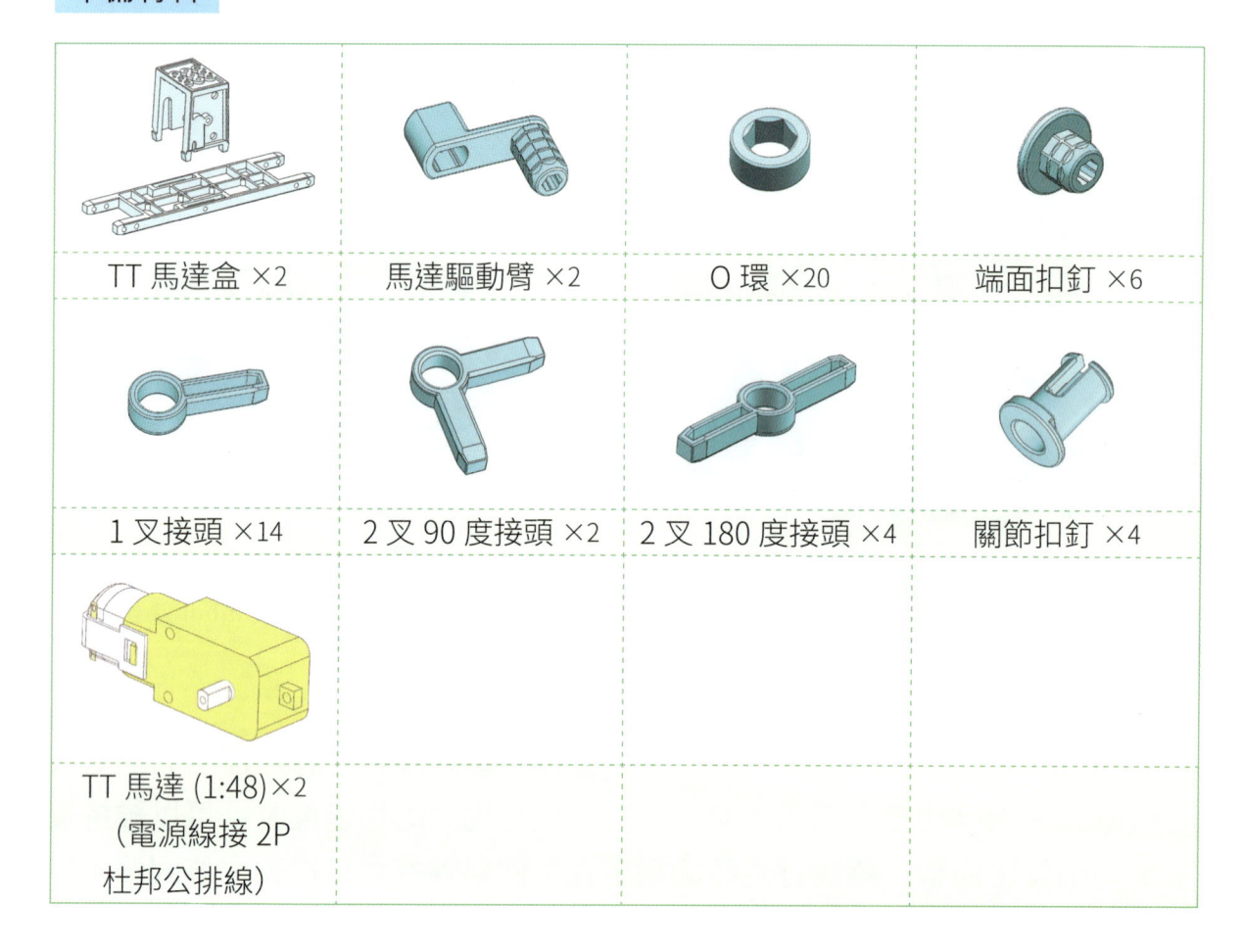

TT 馬達盒 ×2	馬達驅動臂 ×2	O 環 ×20	端面扣釘 ×6
1 叉接頭 ×14	2 叉 90 度接頭 ×2	2 叉 180 度接頭 ×4	關節扣釘 ×4
TT 馬達 (1:48)×2（電源線接 2P 杜邦公排線）			

吸管

吸管直徑 / 長度	數量	吸管直徑 / 長度	數量
6 mm / 12 cm	2	6 mm / 7.5 cm	2
6 mm / 4.5 cm	6	6 mm / 4 cm	4
6 mm / 3 cm	6	6 mm / 2.5 cm	2

組裝步驟

Step1 ▶ 馬達的電源線接 2P 杜邦公排線，組裝 2 組。

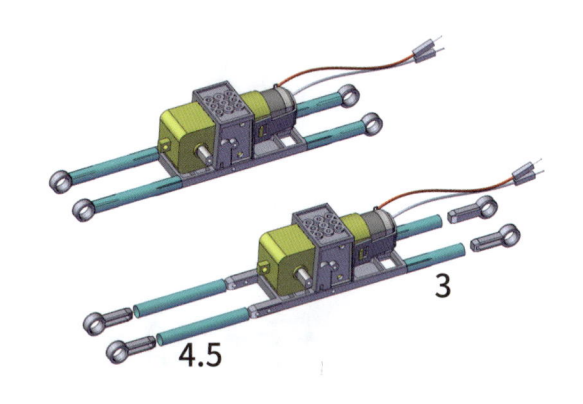

Step2 ▶ 將 2 組馬達並排，置於桌面組裝。

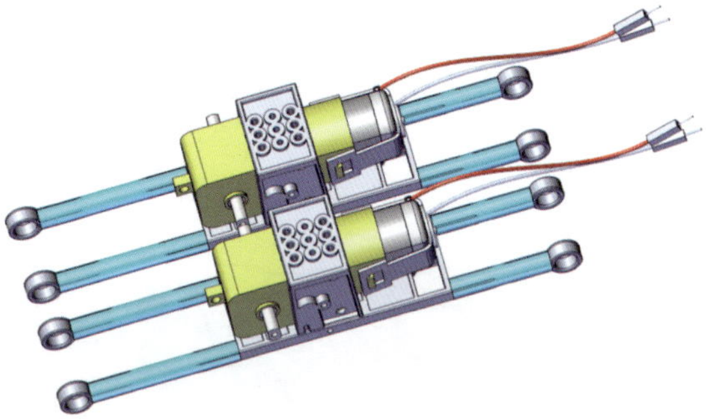

Step3 ▶ 以 2 支 12cm 吸管穿過，組裝 12 個 O 環定位，編號 3、4 與編號 9、10 之間保持 0.5cm，讓內側心軸不摩擦。

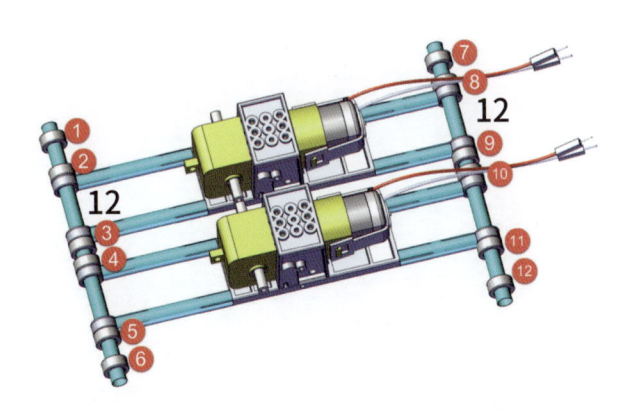

Step4 ▶ 組裝驅動臂與延伸桿，套 O 環定位。

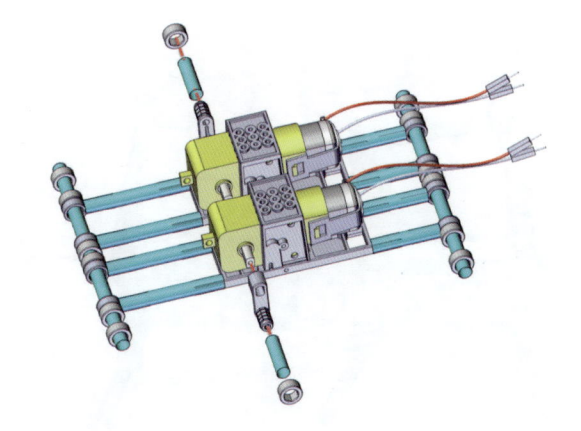

Strawbotics 吸管機器人創意設計

Step5 ▶ 前足、中足與後足各組裝2組。

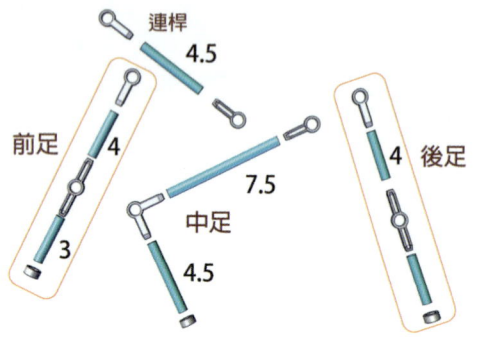

Step6 ▶ 使用關節扣釘、端面扣釘,依序將前足、中足、後足定位。

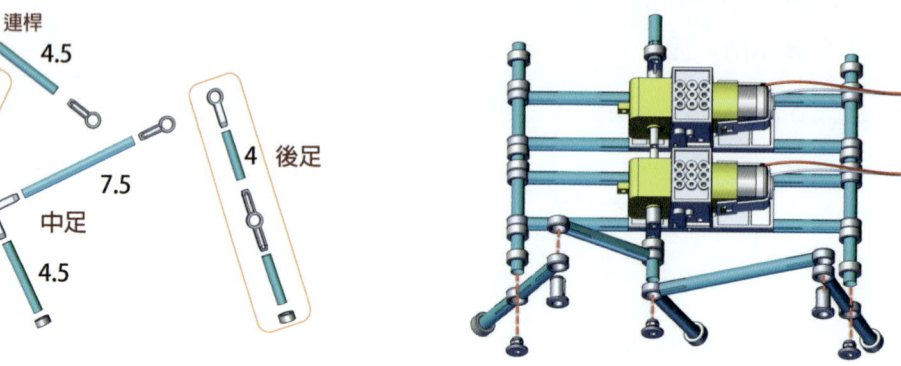

Step7 ▶ 單側足部組裝完成。

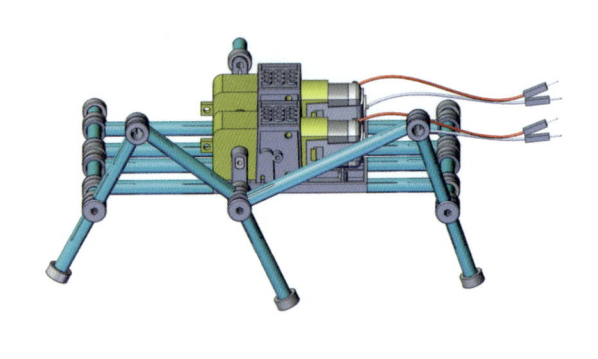

Step8 ▶ 相對側以鏡射方式,依序組裝足部並定位。

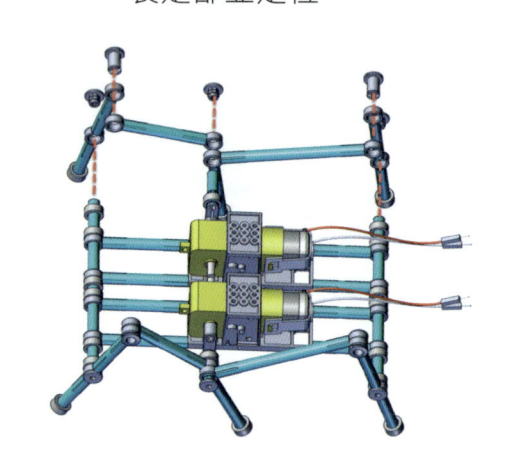

Step9 ▶ 完成。

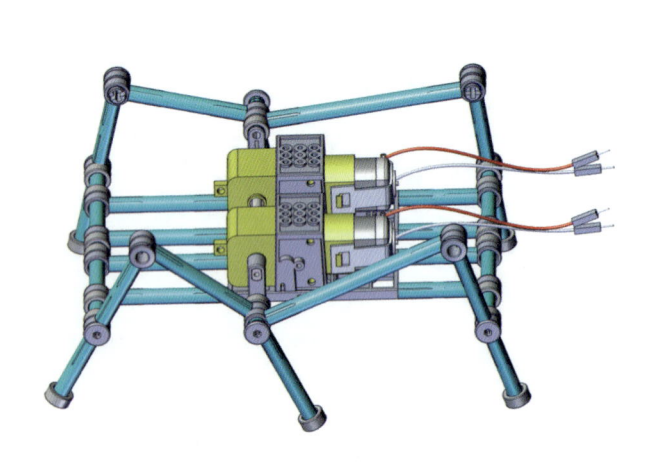

二 使用線控盒操控雙馬達驅動的六足機器人

圖 4-9 為四路線控盒，使用左邊的二路針腳與 4P 控制線就可以控制雙直流馬達；使用二條 4P 控制線就可以控制 4 顆直流馬達，操控簡易。

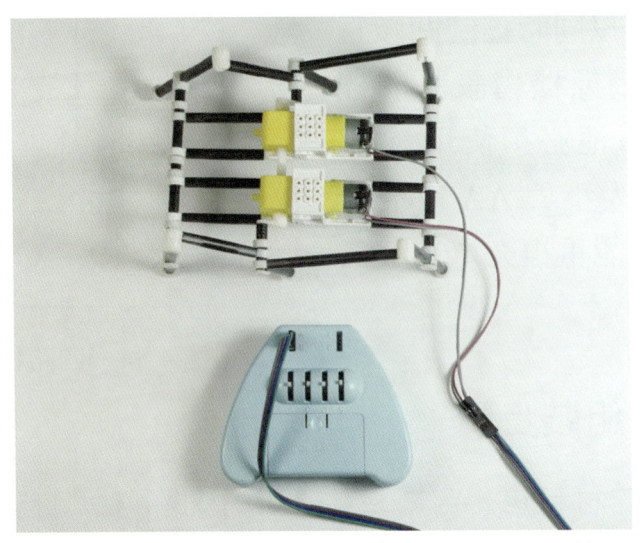

● 圖 4-9　四路線控盒操控雙馬達驅動的六足機器人

三 四路線控盒設計原理與電路圖

圖 4-10 的控制線路以分路原理來設計，不用繼電器電子等元件。圖 4-10(a) 是單一迴路，由圖 4-10(a)、(b) 可以看出，直流馬達分別正轉與反轉。將圖 4-10(a)、(b) 結合成為 4-10(c) 迴路，我們在 AAX2 電池盒中間外接出中位線 Y。當搖頭開關 S3 導通左邊迴路，控制馬達正轉。而當搖頭開關 S3 導通右邊迴路，則控制馬達反轉。放開搖頭開關 S3，位置回復中立時，兩迴路均斷路，馬達停止。實際上每次是使用不同的單一顆電池。

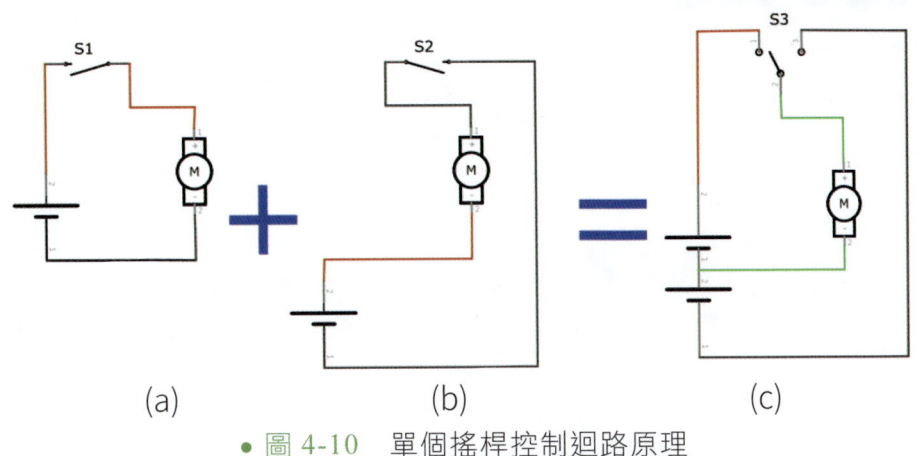

(a)　　　(b)　　　(c)

● 圖 4-10　單個搖桿控制迴路原理

Strawbotics 吸管機器人創意設計

應用此原理，筆者設計成四路線控器，請參考圖 4-11。此電路板十分簡單，沒有其他怕過熱燒毀的電子零件，非常適合初學電子電路焊接的實作練習；成品可以同時控制四顆直流馬達，應用在動態機構設計的控制，方便輕巧。電池必須使用 3.7V #14500 鋰電池，大小與 AA 電池一樣，放電係數高，能重複充電 500 次以上，相對較環保。

● 圖 4-11　四路控制迴路電路圖

四 四路線控器組裝步驟

Step1 ▶ 四路線控材料包，含電路板，杜邦排針，5P 搖頭復位開關以及電池盒。

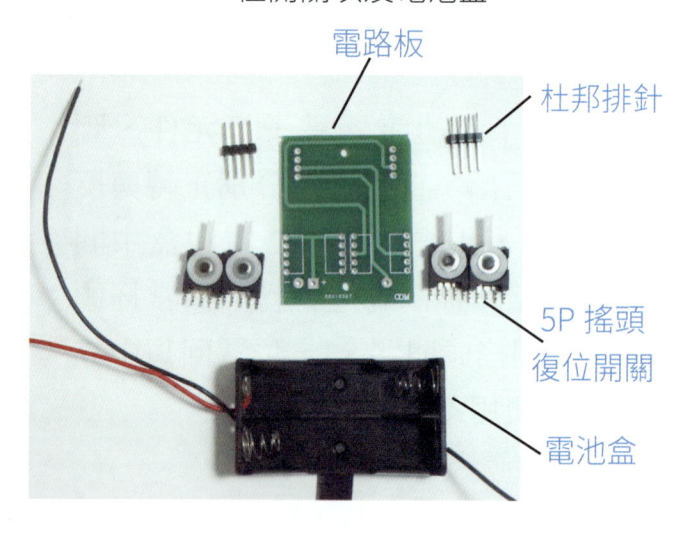

電路板
杜邦排針
5P 搖頭復位開關
電池盒

Step2 ▶ 杜邦排針可預先剪短一些。

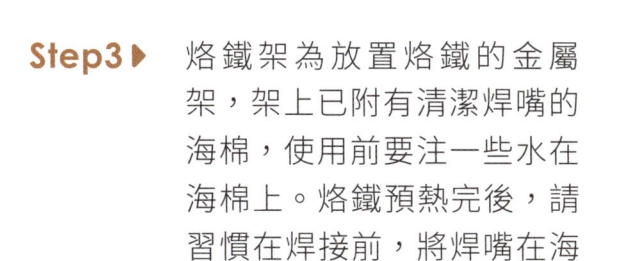

Chapter 4　吸管機構機器人的進階控制應用

Step3▶ 烙鐵架為放置烙鐵的金屬架，架上已附有清潔焊嘴的海棉，使用前要注一些水在海棉上。烙鐵預熱完後，請習慣在焊接前，將焊嘴在海棉上擦拭清潔一下。

Step4▶ 右手持烙鐵、左手持錫線一起放在焊接點上。
烙鐵嘴一定要接觸底板焊點及零件腳，目的是把兩者一起加熱至超過180度。約2秒，兩者溫度已達180度，錫線便馬上溶化成液態，完全包圍焊點。

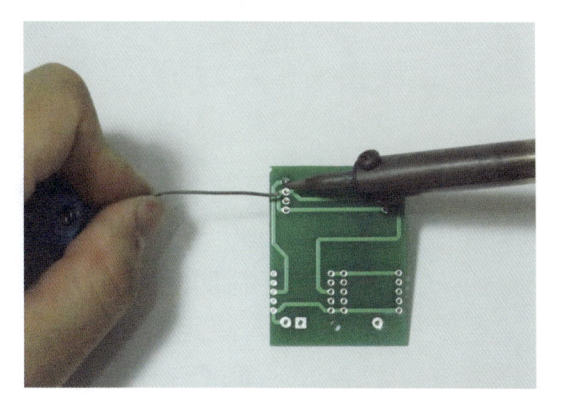

Step5▶ 依序將杜邦針腳焊好。

Step6▶ 將四組搖頭復位開關插好。

Step7▶ 依序將接點焊好，5P搖頭開關腳位可以只焊1、3、5腳位。

Step8▶ 將電池和電源線依正負符號標識插好並焊接。

Strawbotics 吸管機器人創意設計

Step9 ▶ 將電池盒中間接出的中位線焊接在 COM 接點。

Step10 ▶ 檢查各焊點，完成電路焊接。

Step11 ▶ 組裝上蓋前，先裝上 2 顆 3.7V#14500 鋰電池及控制線測試控制功能，左邊的針腳 A、B，使用外側兩搖桿控制，右側 C、D 針腳，使用內側兩搖桿控制。

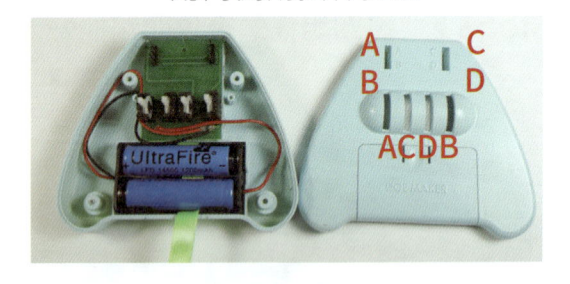

Step12 ▶ 使用 4P 的控制線連接，即可輕鬆控制六足機器人。

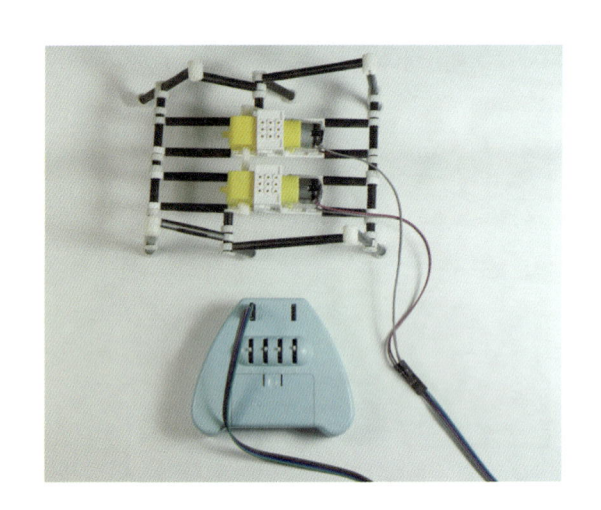

　　四路線控盒可以控制 1～4 顆直流馬達，除了吸管機器人之外，也可操控其他應用直流馬達的輪系車輛，或者以履帶傳動的工程車輛模型等，使用上非常輕巧且易於操控，可以多加利用。

五、手機藍牙遙控——進階吸管機器人

　　使用吸管與連接件，可以組裝成非常多的應用變化，使用進階應用的驅動與控制方式，則能讓吸管機器人的學習更有趣。

　　一般應用手機藍牙遙控，需要使用一個單晶片控制板，例如 Arduino、Linkit7697 等控制板，應用 BT 藍牙或 WiFi 傳輸，當使用直流馬達時還需要有直流驅動模組，並考量是否需要程式語言的學習。因此在應用與學習的延續性上產生了極大的落差（gap）。在此，我們將認識一種直接使用手機藍牙遙控，可以同時控制 2 顆直流馬達與 2 顆伺服馬達的控制器 MCO。

　　製作仿生機器人，經常需要有夾爪來執行夾持與排障任務，吸管機器人進階發展出以下伺服馬達模組零件，如下表 4-1。

● 表 4-1　夾爪總成與旋轉台

零件	圖例	說明
夾爪總成		使用 GS90 9g 伺服馬達，包含伺服馬達座、驅動齒輪臂、延伸夾爪與轉接扣釘等，用於進階的藍牙遙控模型應用。 側孔相容 lego 孔位，可擴大應用與共通使用性。
伺服馬達旋轉台		使用 SG90 9g 伺服馬達，包含伺服馬達座、底面平台、舉昇手臂與轉接扣釘等，用於進階的藍牙遙控模型應用，可擴展不同型態的伺服馬達應用。 側孔相容 lego 孔位，可擴大應用與共通使用性。

Strawbotics 吸管機器人創意設計

以下為 6 種夾爪總成與旋轉台的功能應用實例：

應用 1 使用吸管延伸，可以做為敲擊長桿。

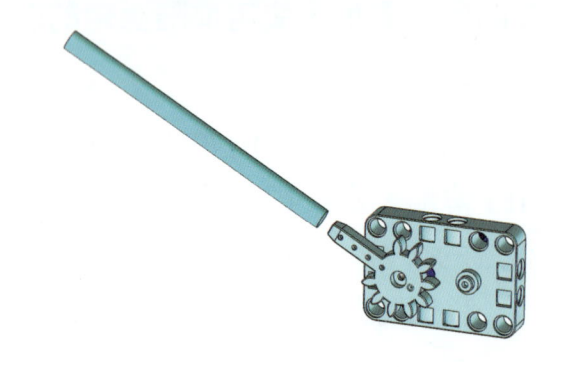

應用 2 擺動開合。

應用 3 加裝夾爪，可以以吸管再延伸長度。

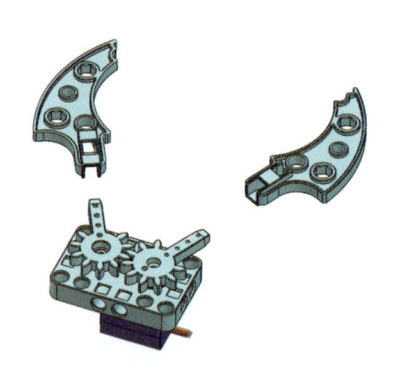

應用 4 將 2 組夾爪總成裝在一起，就像鍬形蟲可以夾持，擺動翅膀一般。

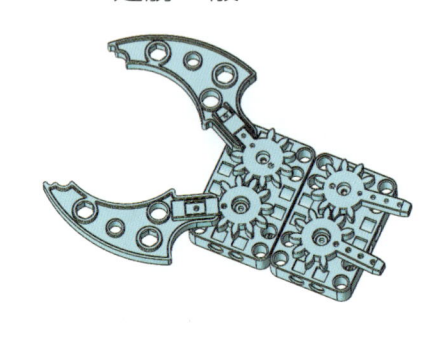

應用 5 使用搖動臂延伸，夾爪可以俯仰角度。

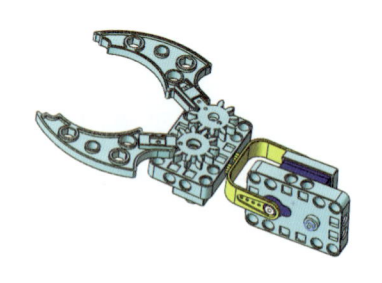

應用 6 使用旋轉台組合夾爪，使夾爪能邊旋轉與夾持。

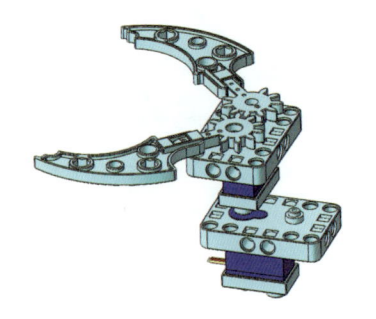

　　使用 MCO 手機藍牙遙控可以操控的模型變化非常多；從單一個直流馬達的模型，到 2 顆直流馬達與 2 顆伺服馬達所能組裝的輪系機器人與仿生系機器人都能控制。僅以一個手機藍牙遙控──「鍬形蟲」來示範，控制 2 顆直流馬達與 2 顆伺服馬達。

機構實作 20　　手機藍牙遙控：鍬形蟲

　　主結構與雙馬達驅動的六足機器人一樣，增加了控制夾爪與翅膀的伺服馬達總成零件。

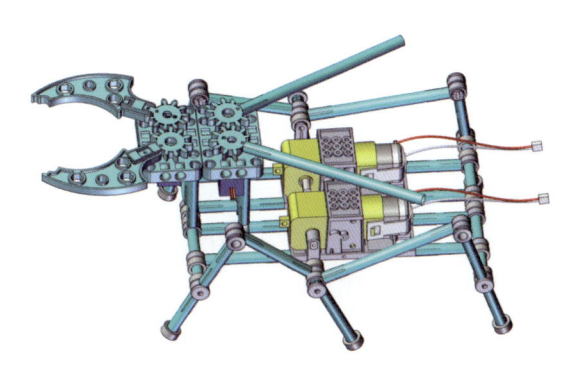

準備材料

TT 馬達盒 ×2	馬達驅動臂 ×2	O 環 ×20	端面扣釘 ×6
1 叉接頭 ×14	2 叉 90 度接頭 ×4	2 叉 180 度接頭 ×4	關節扣釘 ×4
TT 馬達（1:48）×2	夾爪總成 ×2	積木結合鍵 ×2	手機藍牙控制主板 MCO×2（可控制 2 個直流馬達直流驅動模組、2 個伺服馬達、4 個感測器輸入，內建藍牙 4.0）

Strawbotics 吸管機器人創意設計

吸管

吸管直徑 / 長度	數量	吸管直徑 / 長度	數量
6 mm / 12 cm	2	6 mm / 10 cm	2
6 mm / 7.5 cm	2	6 mm / 4.5 cm	6
6 mm / 4 cm	8	6 mm / 3 cm	6
6 mm / 2.5 cm	2		

組裝步驟

Step1▶ 組裝馬達支架,將12cm吸管套上8個O環,調整定位間距用。

Step2▶ 繼續組裝第2顆馬達,再套上4個O環定位。

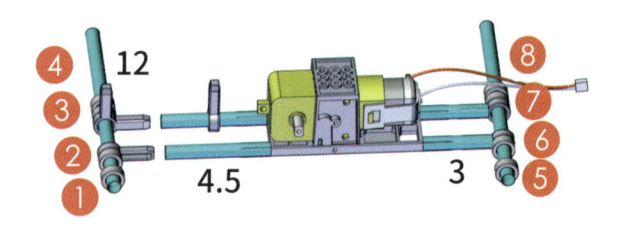

Step3▶ 組裝馬達驅動臂與延伸桿,接著套上2個O環定位。

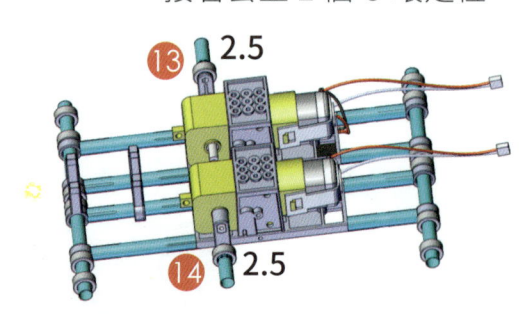

Step4▶ 各組裝2組前足、中足與後足。

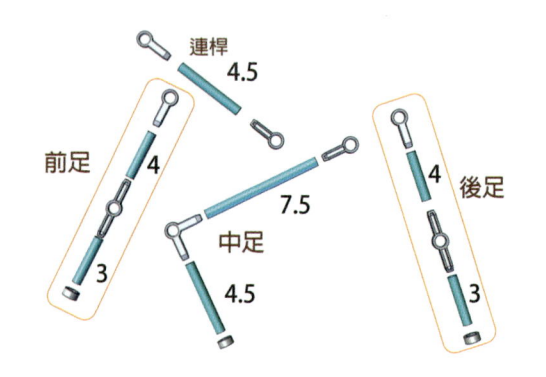

Chapter 4　吸管機構機器人的進階控制應用

Step5 ▶ 使用關節扣釘、端面扣釘，依序定位前足、中足、後足。

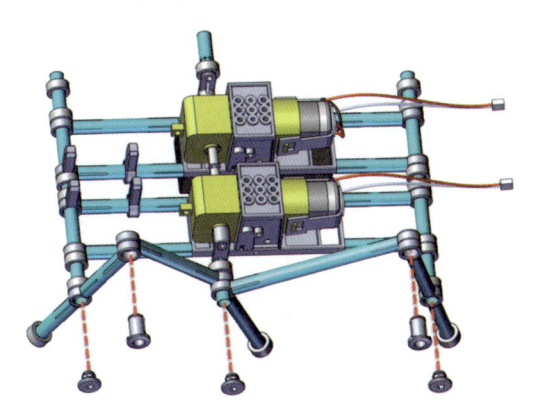

Step6 ▶ 單一側的三足完成。

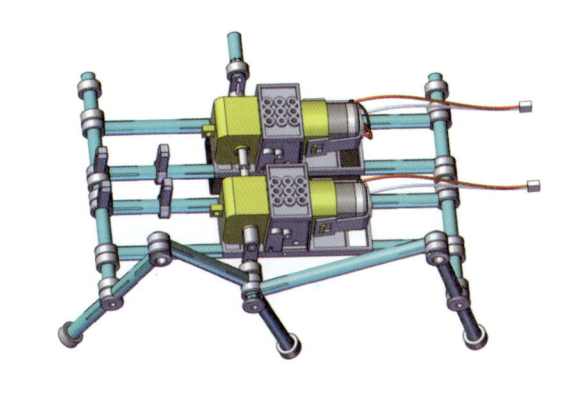

Step7 ▶ 以鏡射位置組裝另一側的三足。

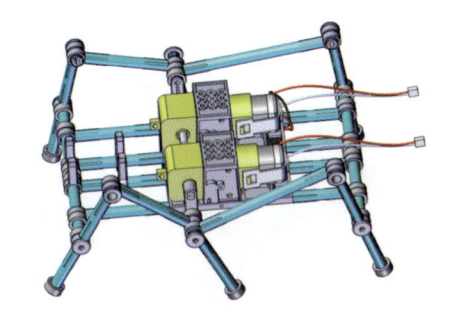

Step8 ▶ 使用 4 支 4cm 的吸管，組裝頭部支架。

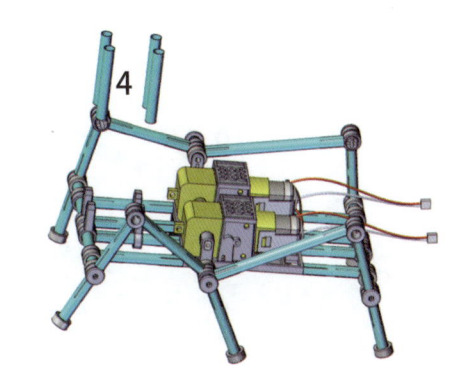

機構實作 20

手機藍牙遙控：鍬形蟲

95

Strawbotics 吸管機器人創意設計

Step9 ▶ 組裝 4 顆吸管與積木轉接鍵。

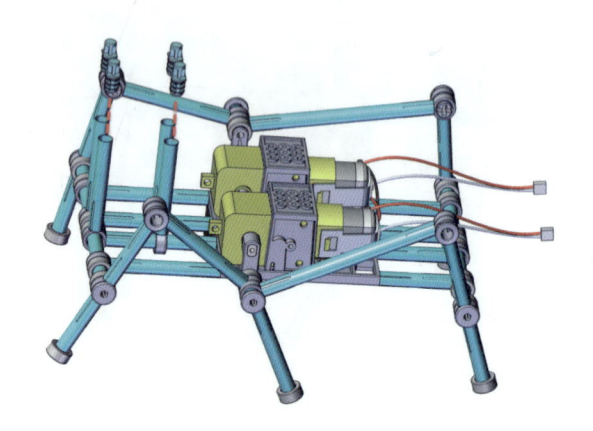

Step10 ▶ 組裝夾爪,後方扣上積木結合鍵。

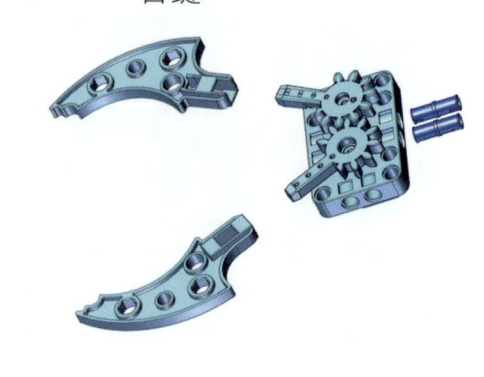

Step11 ▶ 將翅膀與夾爪伺服馬達座結合,插上 10cm 吸管做為翅膀骨架。

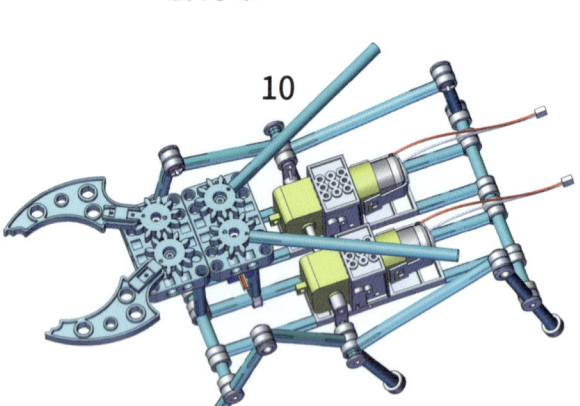

Step12 ▶ 結構完成。

六、手機藍牙控制模組 MCO 介紹

　　MCO 是韓國 SOLIDEA LAB 所發展的手機控制模組，它充分地應用了智慧手機超強的內建功能做加值整合設計，發展出能在 iOS 與 Android 雙系統智慧手機的應用程式 App，可以控制 2 顆直流馬達與 2 顆伺服馬達，手機操作介面十分具有親和力，容易上手。

● 表 4-3　MCO 控制器配備與功能

MCO 控制器配備	功能說明
	體積超小的 MCO 控制器，大小僅 40mm×30mm×16mm，功能超強。內建藍牙 4.0 模組，適用 iOS 與 Android 雙系統。
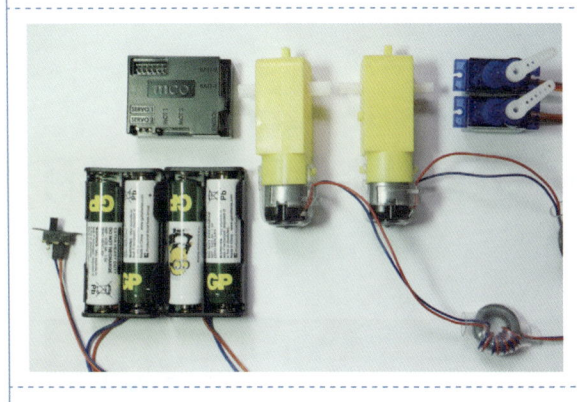	① 使用 AA*2 一般電池座 2 組。 ② 4 組感測器插孔。 ③ 2 顆直流馬達輸出。 ④ 2 顆伺服馬達輸出。 ⑤ 可引用手機感測功能：光感測、聲音、加速度計等做控制。 ⑥ 電源開關。
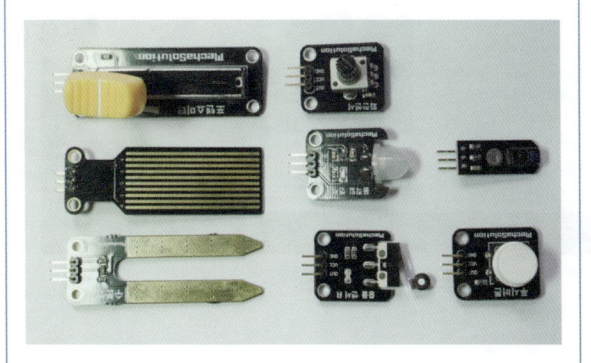	可選配外接感測器，使用 Google Blockly 設計控制程式。例如： ① VR 滑桿可變電位感測器。 ② VR 旋鈕可變電位感測器。 ③ 類比式水量感測器。 ④ PIR 人體紅外線感測器。 ⑤ IR 循跡感測器。 ⑥ 土壤溼度感測器。 ⑦ 極限開關。 ⑧ 按鈕開關。

Strawbotics 吸管機器人創意設計

手機應用程式 App 在 App Sotre 與 Google Play 都可以下載，請輸入關鍵字「SSELTO」搜尋（圖 4-12）。

● 圖 4-12 「SSELTO」的相關 App

iOS 目前有「SSELTO」，Android 以下則有「SSELTO」、「SSELTO create」還有使用 Blockly 程式設計的「SSELTO coding」等 3 個 App。

七、App 操作介面：以 SSELTO create 的控制吸管鍬形蟲為例

Step1 ▶

開啟 App，於設定中可變更語系，介面親和力極高。

Chapter 4　吸管機構機器人的進階控制應用

Step2▶
開啟 MCO 的電源開關，連接藍牙模組，一般只要連接一次，它就會記住你的 MCO；如果要換不同的 MCO，請選擇新連接。團隊一起使用時，最好在獨自時先連接一次，否則很難辨別，因名稱都是 MCO。可先於連線時記錄並標誌自己的 MCO 機碼。

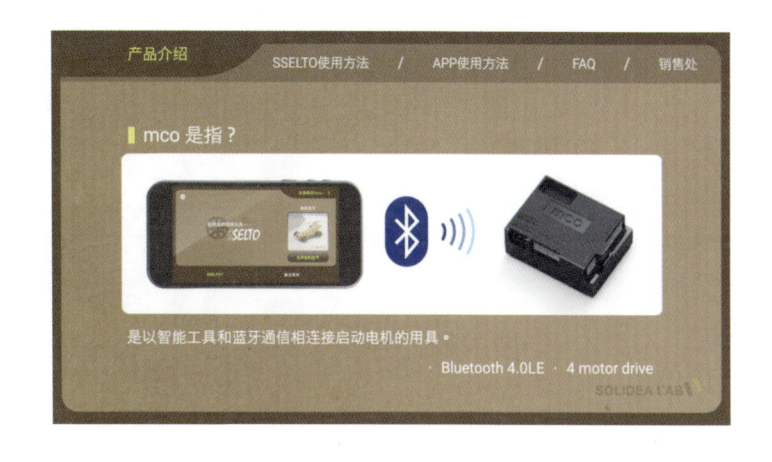

Step3▶
選擇電機數量的操作模型。圖示為參考，你可以創作自己的任何模型。
圖中我們選擇使用 2 直流與 2 伺服馬達的參考模型。

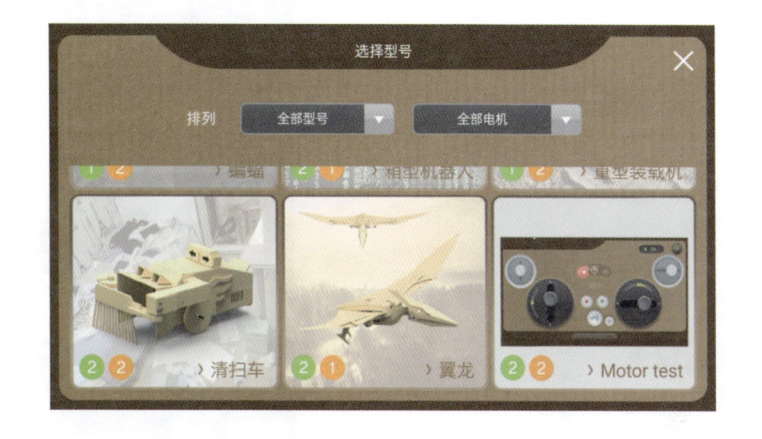

Step4▶
可以分別設定每一個直流電機的「零位」與「最高速度」（0～1023）。

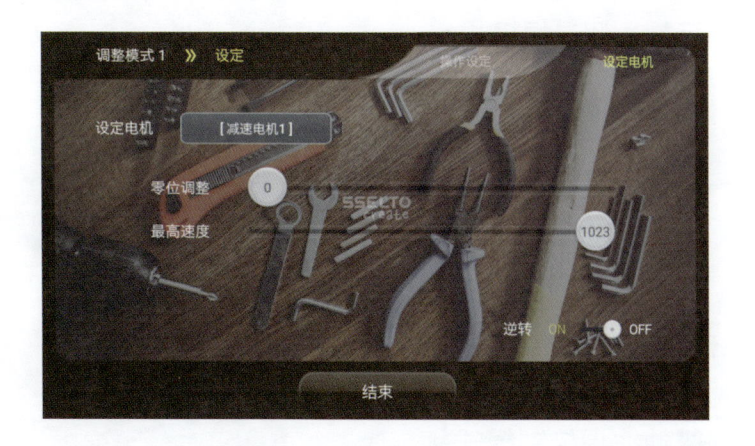

Strawbotics 吸管機器人創意設計

Step5 ▶
設定第 2 顆直流電機的零位與最高速度（0～1023），還可以設定正逆轉，方便配合模型的組裝操作狀態。

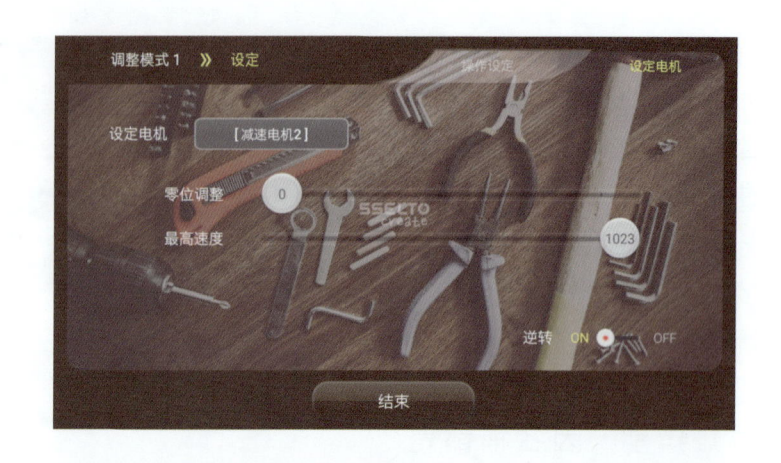

Step6 ▶
設定伺服電機 1 與伺服電機 2 的零位角度與角度範圍，以及正逆轉，非常方便與貼心的設定。

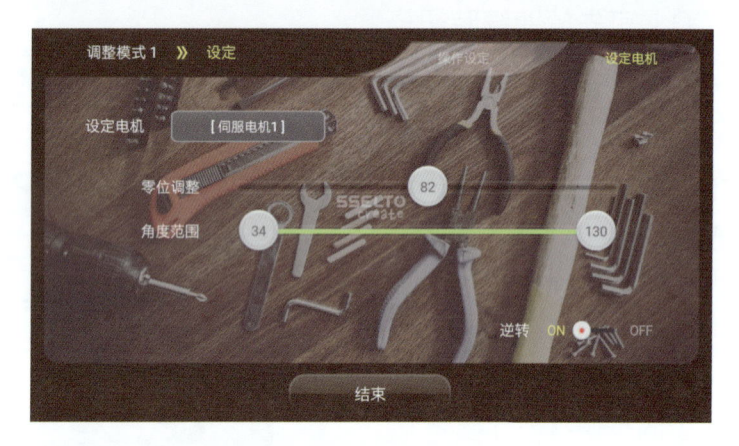

Step7 ▶
設定完成！可以開始操作控制，共有 3 種操控模式，圖示為 4 個滑桿模式。

Step8 ▶
圖示為 2 個滑桿模式與 1 個雙軸搖桿控制模式。

Chapter 4　吸管機構機器人的進階控制應用

Step9 ▶
圖示為 2 個滑桿模式，加上加速度計控制的雙軸控制模式。

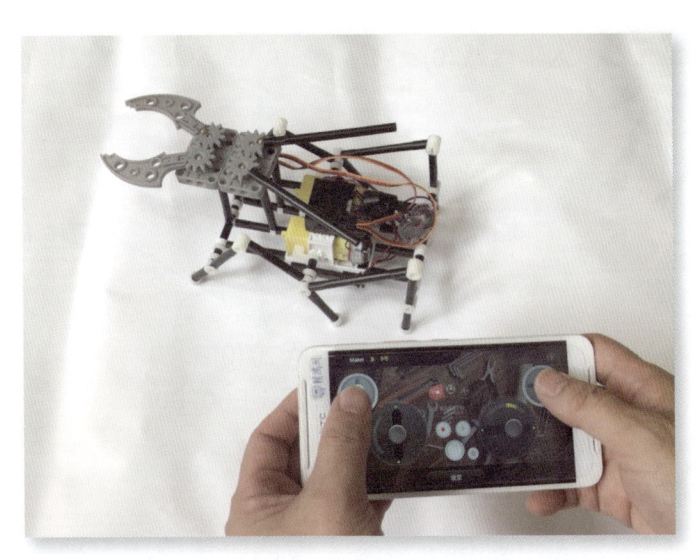

● 圖 4-13　使用手機 App 藍牙，實際遙控吸管鍬形蟲

　　本章介紹了吸管機構機器人的進階控制應用，我們除了繼續使用吸管做結構與機構以外，還採用了不同的動力來源與控制方式，像是風力動力來源、有線控制的雙馬達吸管機器人等。

　　進階使用智慧手機的藍牙遙控雙直流馬達與雙伺服馬達的鍬形蟲，以多種樣貌，逐漸加深加廣模型設計與控制模式的發展。尤其是 MCO 藍牙控制器，除了吸管機器人，也可以控制其他各種動態的機構與車輛等模型操作，進階還有圖控程式 Blockly，都值得繼續探索與學習。

Chapter 4　實作題

題目名稱：風動六足機器人　　　50 mins

題目說明：請以吸管機器人材料包，組裝「風動六足機器人」，在小電風扇吹動時，風動六足機器人能行走順暢。

成品圖

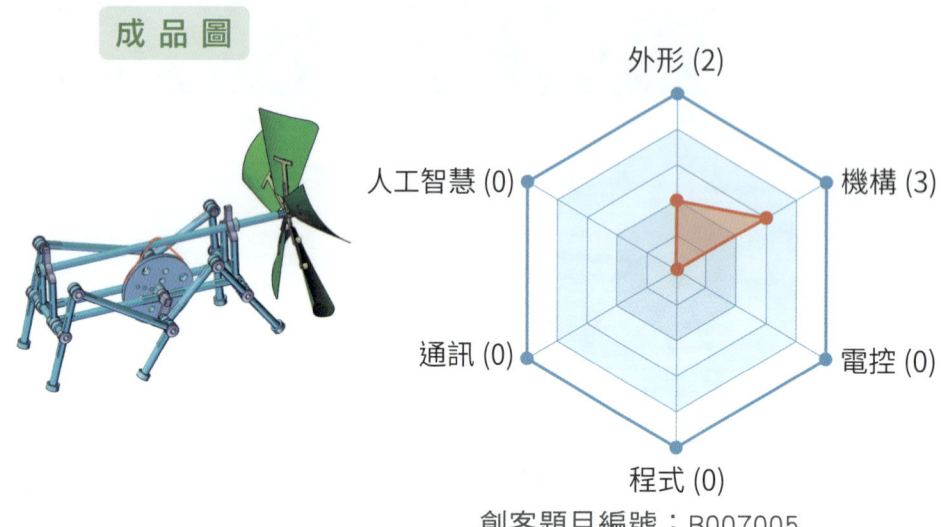

創客指標

外形	2
機構	3
電控	0
程式	0
通訊	0
人工智慧	0
創客總數	5

創客題目編號：B007005

題目名稱：線控雙馬達六足機器人　　　50 mins

題目說明：請以吸管機器人材料包，組裝「線控雙馬達六足機器人」，使用四路線控盒控制六足機器人，使其行走順暢。

成品圖

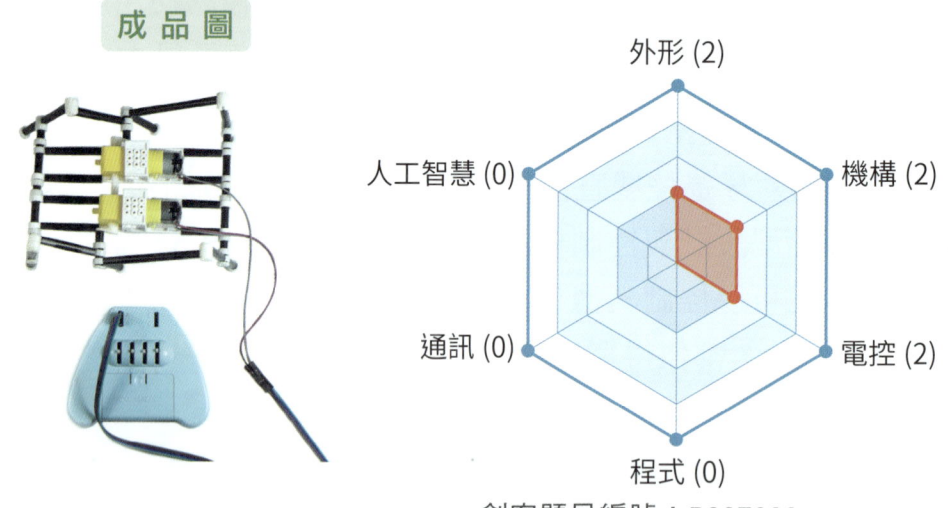

創客指標

外形	2
機構	2
電控	2
程式	0
通訊	0
人工智慧	0
創客總數	6

創客題目編號：B007006

Chapter 5

機構設計與
模擬軟體──Linkage

　　Linkage 是一種免費的電腦輔助設計程式,程式僅有 5M 大小,用於連桿機構的快速原型設計。透過增加連桿並將其連接到機構中的其他連桿組合的功能,能輕易地「組裝」出各種連桿機構。Linkage 可以在同一視窗中進行編輯修改和動作模擬,以便在設計時進行快速分析與修改。本章將介紹如何使用 Linkage 做連桿機構設計與分析。

你可以在以下網址 http://blog.rectorsquid.com/download-linkage/ 下載 Linkage 軟體並安裝。相較於許多價格不斐的專業電腦輔助分析軟體，Linkage 不但免費，程式體積小，而且有相當完整的 2D 連桿機構分析模擬功能，對於初學機構設計與分析者而言，功能夠強且容易上手。

一、Linkage 介面外觀

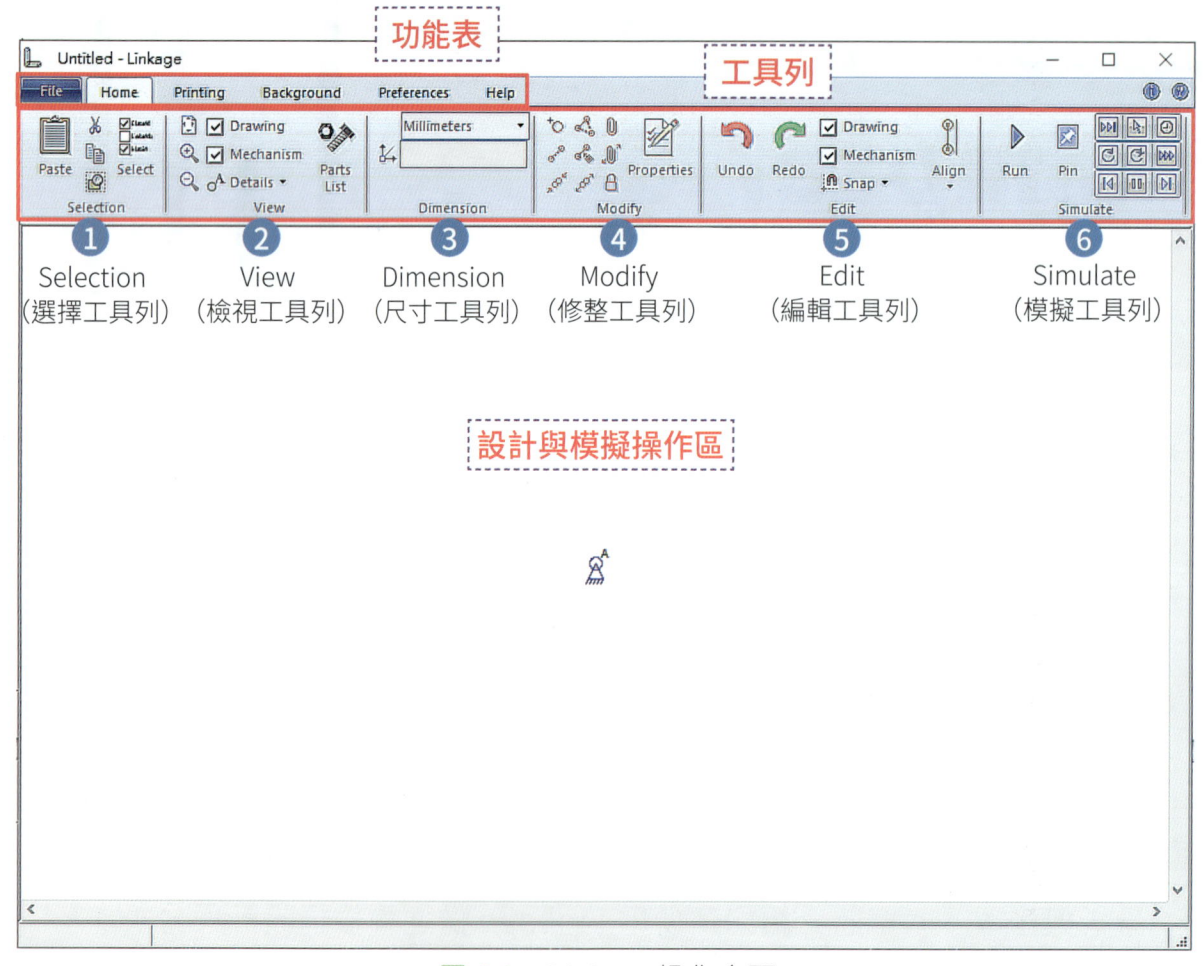

● 圖 5-1　Linkage 操作介面

　　Linkage 操作介面十分簡潔，中間為設計與模擬操作區，上方為功能表與工具列，功能表可分為 File、Home、Printing、Background、Preferences、Help，分別說明如下。

二、Linkage 功能表與工具列

一 Linkage 功能表介紹

File 檔案功能表，除了一般檔案功能，有兩個較重要的選項：

開啟範例檔案
提供了 30 餘個機構範例，入門時可以先開啟，依樣學習動態分析與操作。

匯出檔案
- ：匯出 PNG 或 JPG 圖像檔，不包含背景圖像。
- ：匯出 AVI 影像檔，效果尚可，若使用螢幕錄製軟體效果較好。
- ：匯出 DXF 向量檔，可以輸出各連桿的向量圖檔，方便後續設計使用。

Home 為主要操作功能，在此功能下的工具列有 6 類：

① **Selection（選擇工具列）**：輔助選擇各連桿。

② **View（檢視工具列）**：其中 Details 設定可視需要調整。
- Labels：顯示連桿標籤。
- Video Area：錄影區域。
- Auto Dimensions：自動標示連桿尺寸。
- Show Grid：顯示格點。
- Edit Grid：編輯格點。

③ **Dimension（尺寸工具列）**：修改尺寸與比例。

④ **Modify（整修工具列）**：對於各連桿的設計。
- Add：在連桿上增加 1 個連接點。
- Link：在 2 個被選擇的連接點，增加 1 連桿。
- Join：將 2 個被選擇的連接點，結合在一起。
- Combine：將被選的連接點，轉成 1 個連桿。
- Slide：將被選擇的 1 點，與其他 2 連接點，構成 1 個滑塊組。

Strawbotics 吸管機器人創意設計

- **Split**：分離已連接的連接點。
- **Fasten**：將被選擇的連桿元件綁定一起。
- **Unfasten**：將被選擇的連桿元件解除綁定。
- **Lock**：鎖定尺寸或形狀，不被修改。
- **Properties**：更改被選擇的元件屬性，與在被選的連桿或連接點上按滑鼠右鍵，彈出的視窗功能一樣。

❺ **Edit（編輯工具列）**：除了一般的「Redo」、「Undo」之外，另外具有吸附功能如下：

- **Element**：輸入的連接點吸附元件。
- **Grid**：輸入的連接點吸附格點。
- **Guideline**：輸入的連接點吸附導引線。
- **Auto Join**：自動連接（連接點）。

編輯工具列最重要的對齊功能如下：

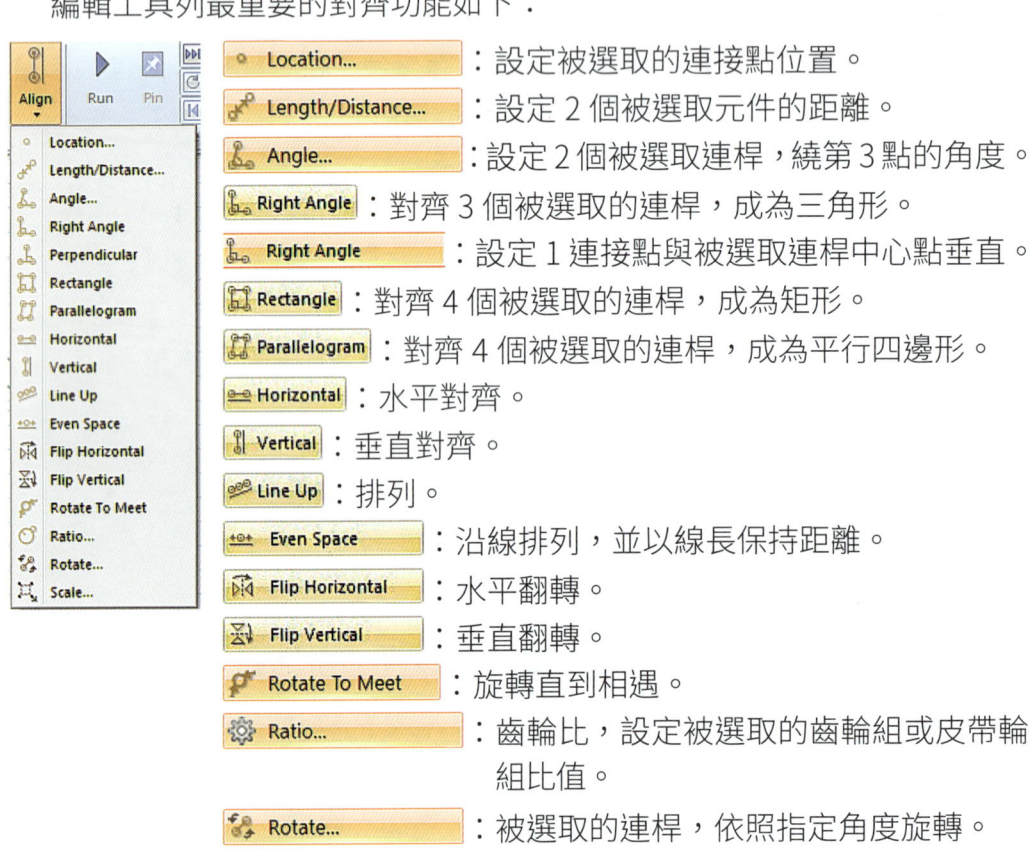

- **Location...**：設定被選取的連接點位置。
- **Length/Distance...**：設定 2 個被選取元件的距離。
- **Angle...**：設定 2 個被選取連桿，繞第 3 點的角度。
- **Right Angle**：對齊 3 個被選取的連桿，成為三角形。
- **Right Angle**：設定 1 連接點與被選取連桿中心點垂直。
- **Rectangle**：對齊 4 個被選取的連桿，成為矩形。
- **Parallelogram**：對齊 4 個被選取的連桿，成為平行四邊形。
- **Horizontal**：水平對齊。
- **Vertical**：垂直對齊。
- **Line Up**：排列。
- **Even Space**：沿線排列，並以線長保持距離。
- **Flip Horizontal**：水平翻轉。
- **Flip Vertical**：垂直翻轉。
- **Rotate To Meet**：旋轉直到相遇。
- **Ratio...**：齒輪比，設定被選取的齒輪組或皮帶輪組比值。
- **Rotate...**：被選取的連桿，依照指定角度旋轉。
- **Scale...**：調整被選取的元件尺寸比例，以百分比設定。

6 Simulate（模擬工具列）

　　　🔲Run：執行動態分析模擬。

　　　🔲Stop：停止動態分析模擬。

　　　🔲Pin：設定新的模擬起始點。

　　　🔲：手動操作模擬，下方會出現可以使用滑鼠拖曳的滑桿。

Printing	列印功能表。
Background	背景功能表，可以插入點陣圖檔作為背景，提供設計連桿參考，注意解析度以 300 DPI 較適當。
Preferences	偏好功能表，其中有一個選項「New links solid」，如果你希望畫的連桿具有寬度而非一直線，請勾選它。
Help	說明。

三、Linkage 設計與模擬操作區

一 元件庫選項

　　實際的設計功能都整合在於空白處按滑鼠右鍵，彈出的元件庫選項中，如圖 5-2 及表 5-1，分別說明如下。

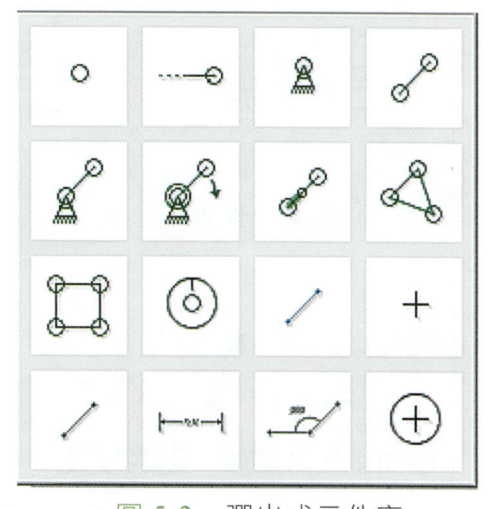

● 圖 5-2　彈出式元件庫

• 表 5-1　元件庫之功能說明

圖示	功能說明
 ○	增加 1 個連接點。
 ⋯⋯○	從以點選的連接點，增加 1 個連桿。
 ⚓	增加 1 個錨定點（固定支點）。
 ○─○	增加 1 個連桿具有 2 個連接點。
	增加 1 個有旋轉動力的錨定點（固定支點）。
	增加 1 個線性致動器（如氣壓缸）。
 △	增加 1 個連桿具有 3 個連接點。
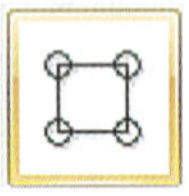 □	增加 1 個連桿具有 4 個連接點。
 ◎	增加 1 個齒輪。
 ／	增加 1 個導引線。
 ＋	增加 1 個點（參考用）。
 ／	增加 1 條線（參考用）。
 ├─┤	增加 1 尺寸測量（動態模擬）。

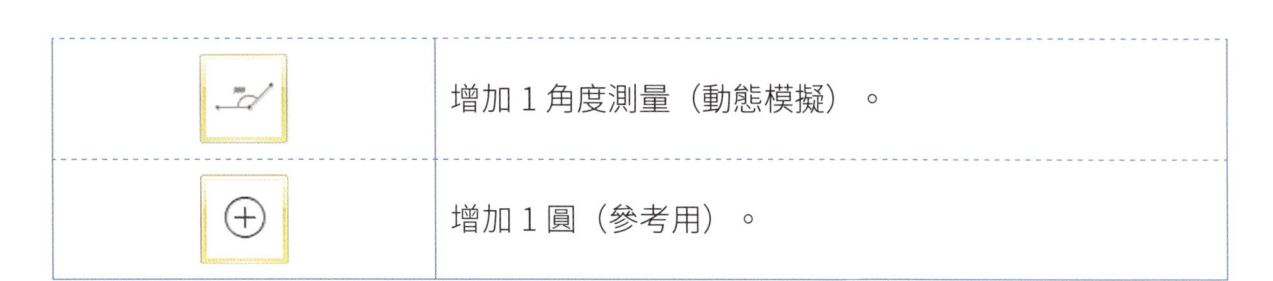

		增加 1 角度測量（動態模擬）。
		增加 1 圓（參考用）。

二 快速鍵

一般檔案與編輯功能的快速鍵操作與 windows 相同，特別的編輯快速鍵與工具列圖示按鈕功能一樣，請參考表 5-2 使用。

● 表 5-2 快速鍵說明

圖示	快速鍵	說明
Add	A	在連桿上增加 1 個連接點。
Link	L	在 2 個被選擇的連接點，增加 1 連桿。
Join	J	將 2 個被選擇的連接點，結合在一起。
Combine	B	將被選的連接點，轉成 1 個連桿。
Slide	S	將被選擇的 1 點，與其他 2 連接點，構成 1 個滑塊組。
Split	T	分離已連接的連接點。
Fasten	F	將被選擇的連桿元件綁定一起。
Unfasten	U	將被選擇的連桿元件解除綁定。
Lock	K	鎖定尺寸或形狀，不被修改。
Properties	P	更改連接點或元件的各種屬性設定。
Run	R	啟動模擬。
Stop	R	停止模擬。
	Q	快速運轉模擬。

三 屬性設定

1. 更改連接點屬性

連接點屬性設定介面說明如下。

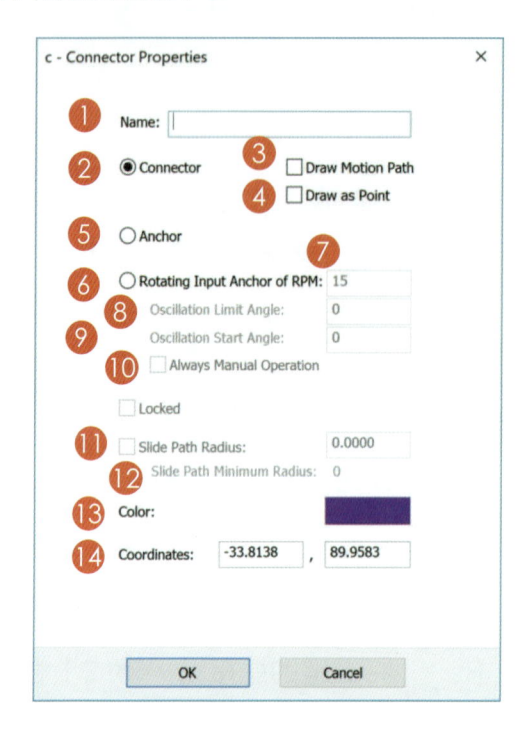

編號	項目	說明
1	Name	連接點可以自行命名。
2	Connector	連接點，選擇為活動支點，與其它連桿連接。
3	Draw Motion Path	畫出運動路徑。
4	Draw as Point	僅劃出點，而不與其他連桿連接，用來設定連桿造型。
5	Anchor	錨定點，固定支點，即與機架（地面）相結合。
6	Rotating Anchor	固定支點具有旋轉動力 360 度。
7	RPM	轉速，輸入正值為順時針旋轉，輸入負值逆時針旋轉。
8	Oscillation Limit Angle	限制擺動角度。
9	Oscillation Start Angle	擺動起始角度。
10	Always Manual Operation	使用手動操作旋轉模擬。
11	Slide Path Radius	設定滑塊路徑為圓弧。
12	Slide Path Minimum Radius	滑塊路徑最小半徑。
13	Color	設定顏色。
14	Coordinates	座標。

2. 更改連桿或直線屬性

連桿與直線屬性設定介面說明如下。

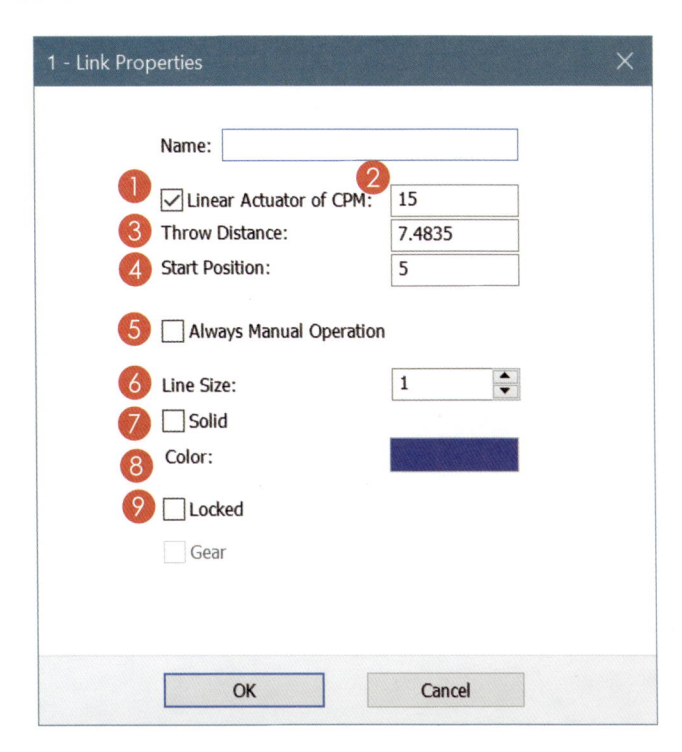

編號	項目	說明
①	Actuator	設為直線致動器（液壓缸）。
②	CPM	直線位移速度。
③	Throw Distance	伸縮總距離。
④	Start Position	起始位置。
⑤	Always Manual Operation	手動模擬操作。
⑥	Line size	線寬，設定值為 1～4。
⑦	Solid	設定連桿以具有寬度的實體顯示。
⑧	Color	設定連桿或直線顏色。
⑨	Locked	鎖定長度外型設定。

■ Strawbotics 吸管機器人創意設計

四 動畫模擬的錯誤訊息

Linkage 的連桿設計中，當各種設定有不適當時，模擬時會出現以下訊息，你必須自行修改例如連桿長度、連接點設定等，自行排除問題。

● 表 5-3　動畫模擬的錯誤訊息

訊息	說明
Unable to simulate this element.	當模擬動畫正在運行，任何在模擬過程中無法正確移動的連接點或齒輪都將在其周圍顯示一組紅線。在編輯期間不會出現這訊息。如果由於機構長度或連接點為設定好，機構不能順利移動，則機構將看起來卡住並出現這些訊息，直到模擬停止。

五 齒輪組的設計操作

齒輪組的設計細節較多，因此特別提出說明。

1. 操作步驟

Step1▶

在設計操作區中按滑鼠右鍵以顯示元件庫，點選【 ◎ 齒輪】。齒輪將在點擊滑鼠的位置插入機構。

Step2▶

點按齒輪中心的連接點，然後單擊工具欄中的【屬性】按鈕。

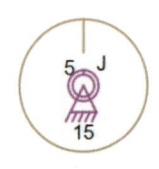

● 圖 5-3　單一齒輪與旋轉錨定點

Step3▶

更改連接點的屬性，使其成為旋轉錨定點。內建速度為 15RPM。

Step4▶

在操作中重複上述步驟。這次使連接點成為錨定點，但不是旋轉錨定點。

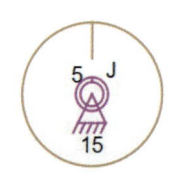

● 圖 5-4　二齒輪的設計

2. 複製齒輪

點選左齒輪，然後按住 Shift 並複選右齒輪。

3. 設定齒輪大小

• 圖 5-5　齒輪組與齒輪比

點按工具欄中的尺寸框。輸入「1：2」，這將把第二個所選齒輪的尺寸設定為第一個所選齒輪尺寸的兩倍。您還可以在「對齊」選單中找到【 Ratio... 齒輪比】選項，執行相同的操作。

4. 齒輪組與連桿綁定

當我們需要在齒輪面上做出曲柄的連結，我們可以畫出齒輪，設定旋轉錨定中心，複選連桿與齒輪，使用 Fasten 綁定成一體，如此連桿就與齒輪一起旋轉。

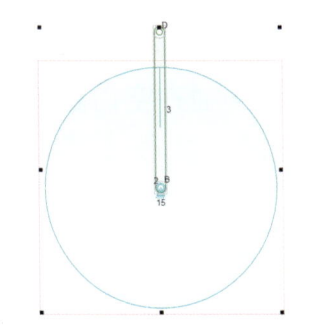

• 圖 5-6　齒輪組與連桿綁定

5. 齒輪與固定錨定點綁定

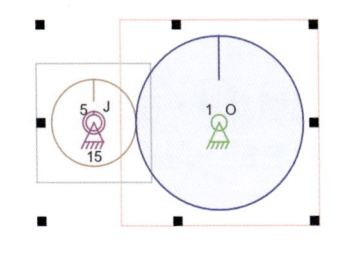

一些複雜的機構設計，例如行星輪系，需要有太陽齒輪與行星齒輪，要固定太陽齒輪可以將齒輪與齒輪外的固定錨使用 Fasten 綁定成一體，使其他齒輪與太陽齒輪結合運轉。

• 圖 5-7　齒輪與固定錨定點綁定

6. 鏈輪與皮帶輪設定

齒輪組的操作也可以轉變為鏈輪與皮帶輪，在「對齊」選單中找到【 Ratio... 齒輪比】選項，設定【Chain/Belt】選項。

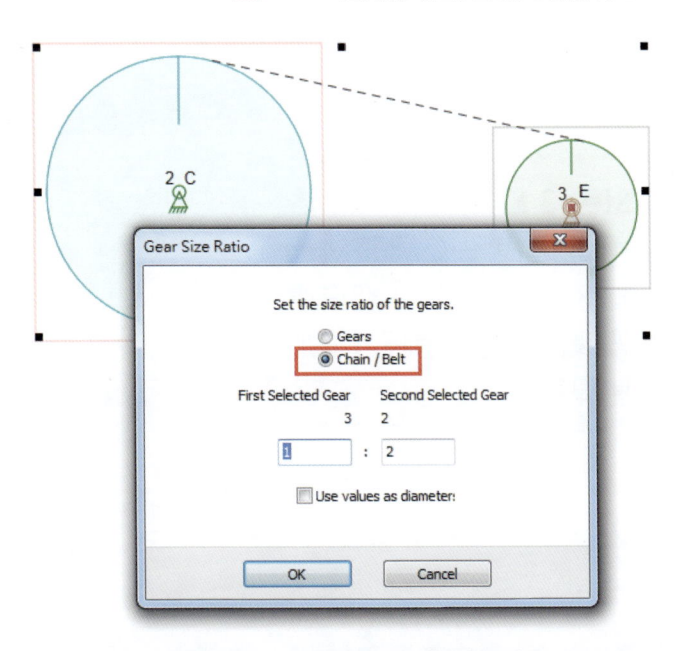

• 圖 5-8　鏈輪與皮帶輪設定

Strawbotics 吸管機器人創意設計

四、Linkag 設計與分析模擬範例

以下以前面單元介紹過的連桿設計內容，選擇幾個範例來說明 Linkage 的設計與分析模擬。

範例 1　4 連桿機構：曲柄搖桿機構

Step1

開新檔案，點選操作區的點 A，並在空白處按滑鼠右鍵，選擇【增加連桿】。

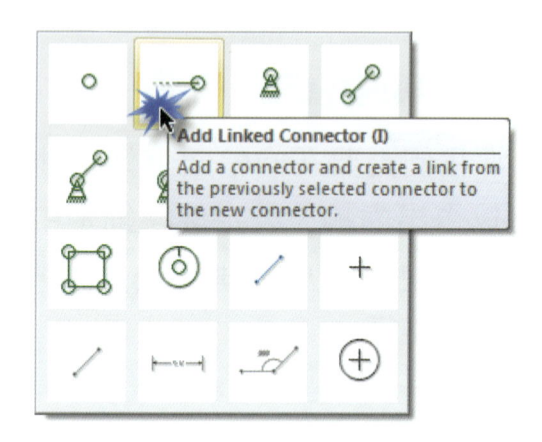

Step2

繼續點選點 B，在空白處按滑鼠右鍵，選擇【增加連桿】。

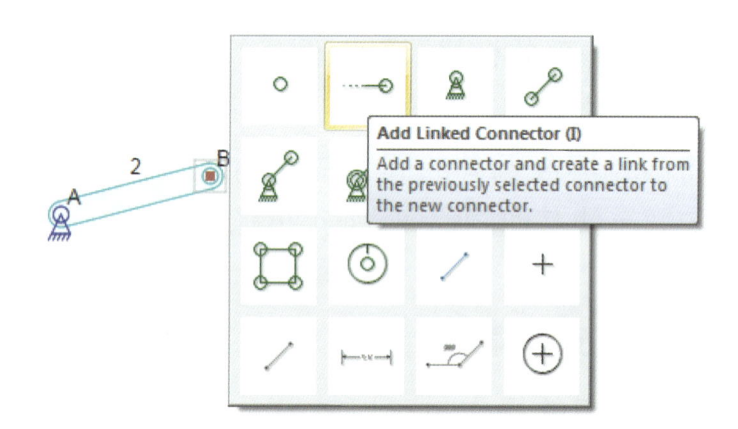

Step3

適當拖曳點 C 調整「連桿 3」的長度，在空白處按滑鼠右鍵，選擇【增加連桿】。

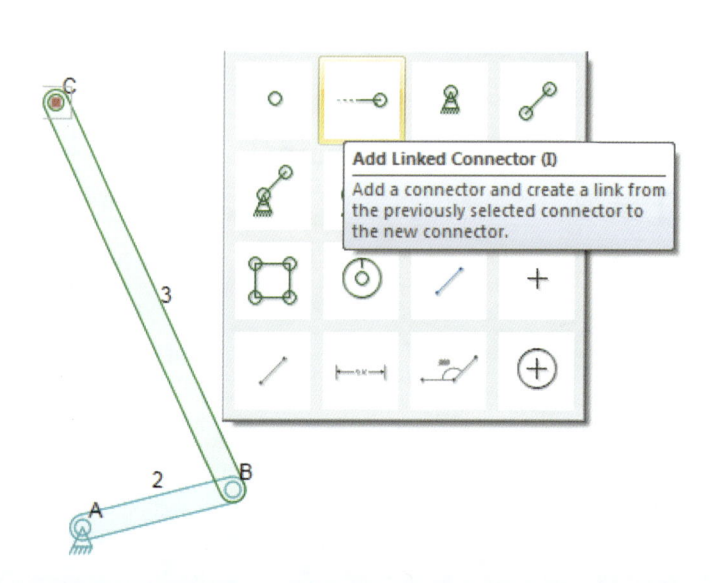

114

Chapter 5 機構設計與模擬軟體──Linkage

Step4▶

得到「連桿 1」與「點 D」。

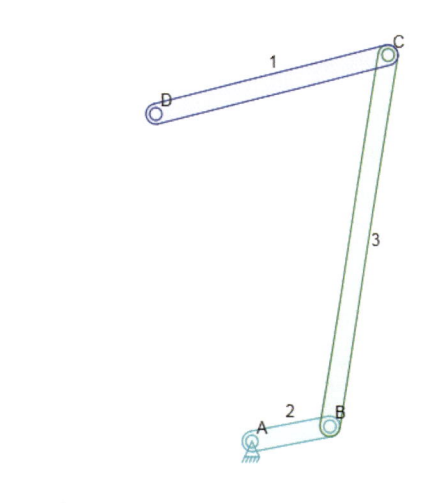

Step5▶

點選點 A，按滑鼠右鍵更改屬性，將點 A 改成具有旋轉動力的固定支點，連桿 2 就是可以主動旋轉的曲柄。

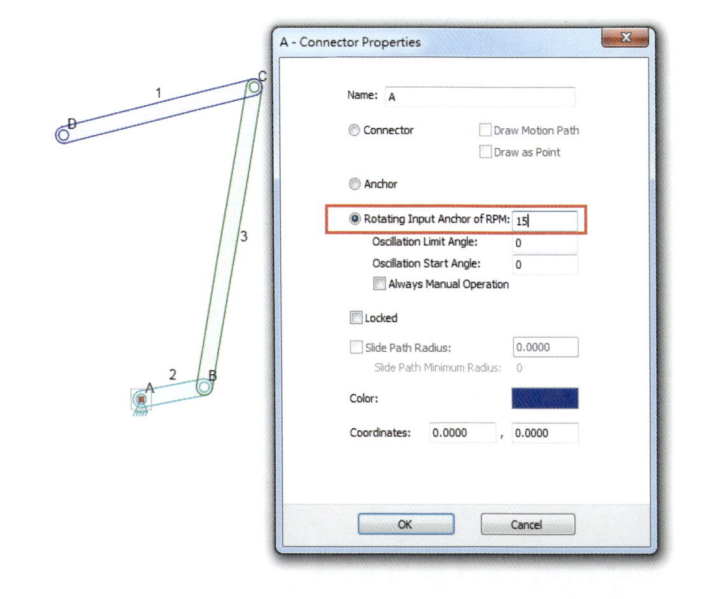

Step6▶

點選點 D，按滑鼠右鍵更改屬性，將點 D 改成固定支點，連桿 1 稱為搖桿。

到此已經完成 4 連桿的設計，此時按快速鍵【R】或按 Run，可以看到連桿運動的模擬。

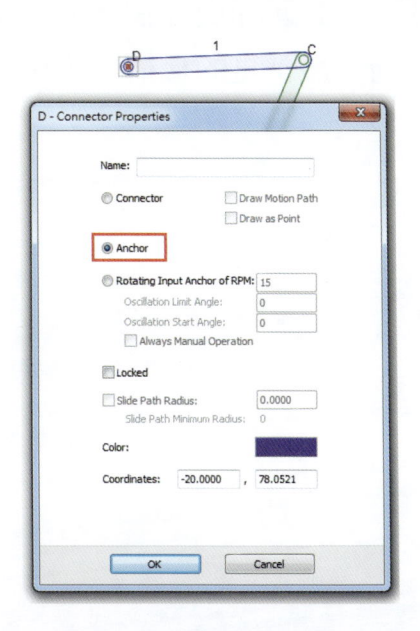

範例 1　4 連桿機構：曲柄搖桿機構

115

Step7 ▶

如畫面出現右圖紅色提示，表示設計錯誤，此次問題是連桿1太短，請拖曳點C增加連桿1的長度，再按【R】動畫模擬看看。

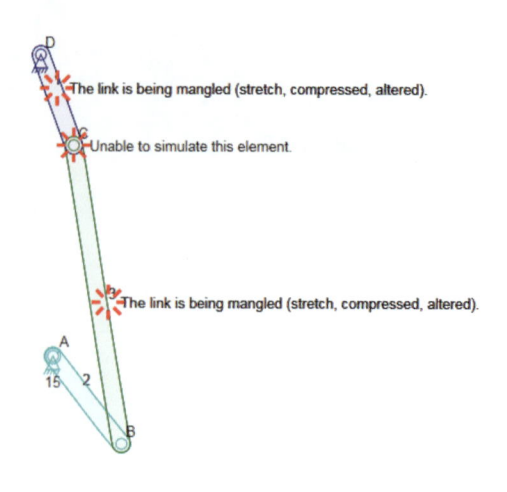

Step8 ▶

點選點C按滑鼠右鍵選擇【屬性】，勾選畫出運動軌跡，再按【R】動畫模擬，黑色路徑就是點C的擺動軌跡

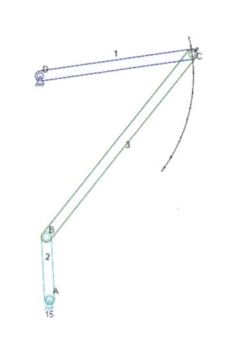

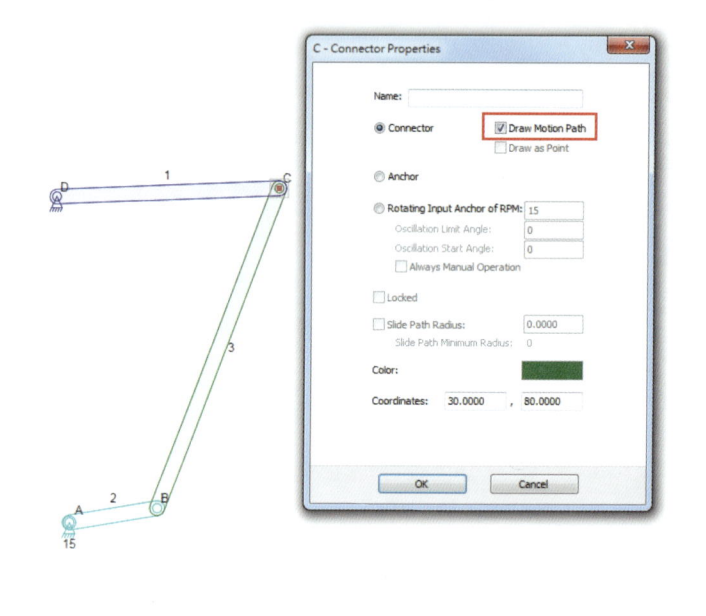

　　完成範例1「4連桿機構——曲柄搖桿機構」。4連桿機構的定義：機架（操作區底面），3支連桿與4個支點，其中2個固定支點與機架固定。本次的曲柄搖桿機構是最常見的機構，由旋轉曲柄帶動浮桿拉動搖桿作擺動。

範例 2　揮揮手：曲柄搖桿機構的應用設計

Step1 ▶

開新檔案，進入 Linkage 點選【背景工具】，選擇【開啟一個圖像檔】，你可以套用自己的設計稿或是蒐集的圖像，此處筆者放上「機構實作 11：揮揮手」的成果圖像，反過來設計出連桿的長度與分析模擬。

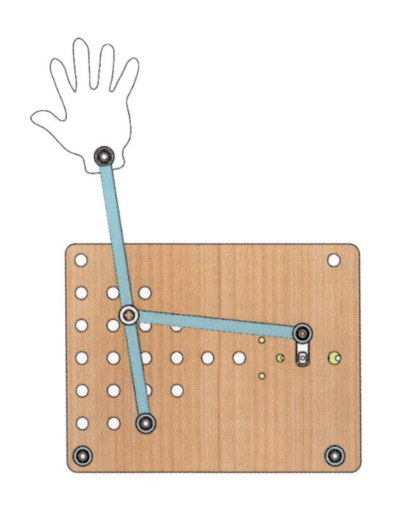

Step2 ▶

設計一曲柄搖桿機構，將點 A 移動到馬達心軸，再如範例 1 步驟建立連桿後修改長度與點 A、D 屬性，設計出曲柄搖桿機構。如果這時按【R】動畫模擬，將會觀察到只有下方連桿在搖動。

Step3 ▶

點擊搖桿 3，在「整修工具」選擇【Add】增加一個連接點，然後將此新增的點拖曳到上方，改變搖桿 3 的長度。

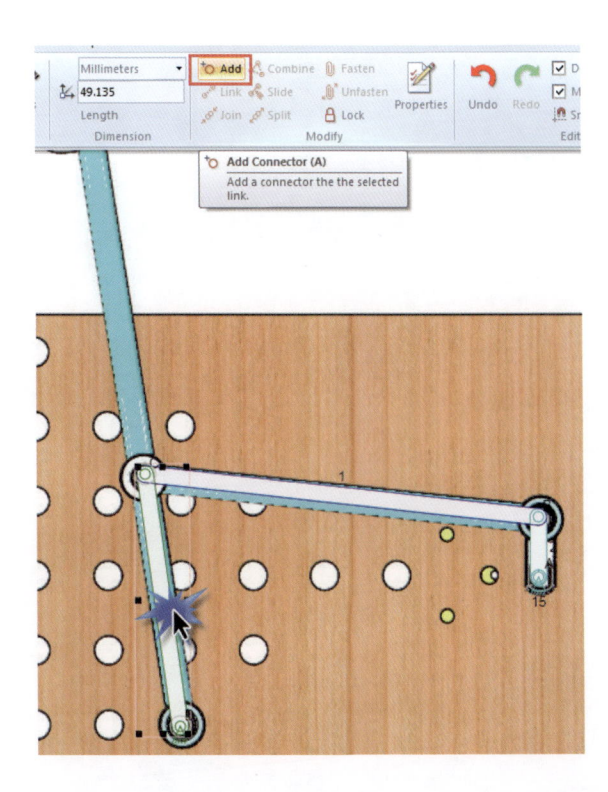

Step4 ▶

點擊點 B、C 與點 E，按滑鼠右鍵點選【屬性】，勾選【畫出運動路線】(Draw Motion Path)。

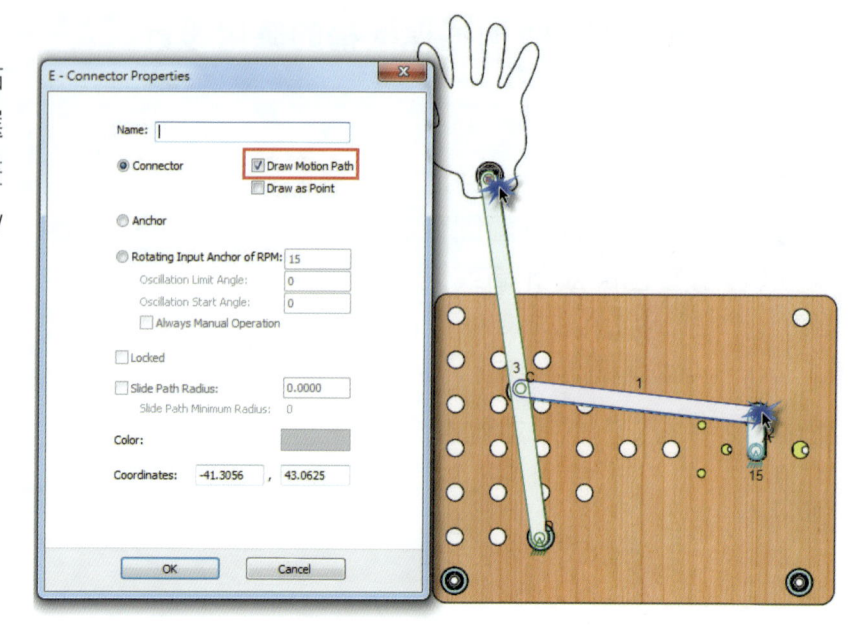

Step5 ▶

點選【R】動畫模擬，觀察黑色路徑，其說明了點 B 作旋轉運動（曲柄），以及點 C、點 E 擺動軌跡的擺幅變化。

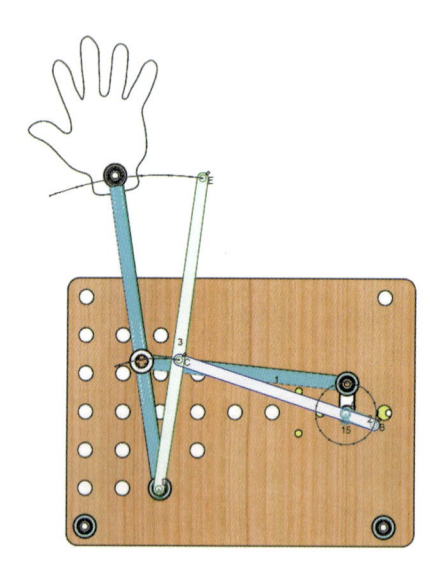

範例 3　4 連桿機構：擺動滑塊曲柄機構

範例 3 將引用「機構實作 14：小獵犬」，來說明如何設計與應用擺動滑塊曲柄機構。

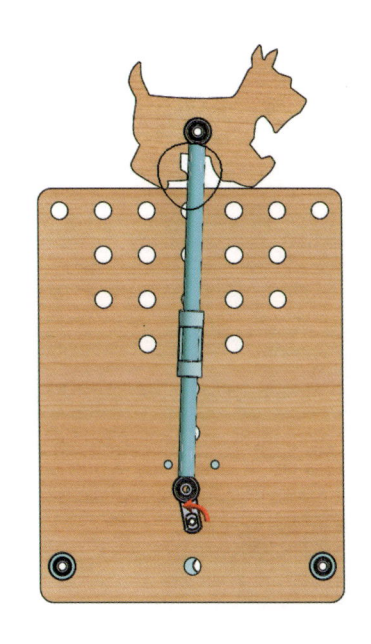

Step1 ▶

開新檔案，點擊點 A，空白處按滑鼠右鍵，增加 1 個具有旋轉錨定點連桿。

空白處按滑鼠右鍵→點選 ▣，增加 1 個 4 連接點的連桿。

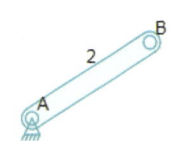

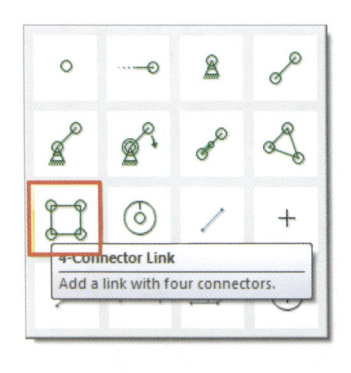

Step2 ▶

將連桿 1 拖曳形狀改變成為 1 直桿，按點 C +【Ctrl】+ 點 B，使用整修工具→點選【Join】，將點 B、C 連接。

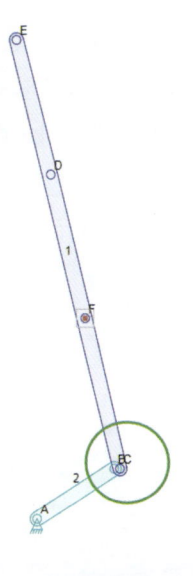

Strawbotics 吸管機器人創意設計

Step3 ▶
空白處按滑鼠右鍵→點選 ⬚，增加 1 固定支點（錨定點）。

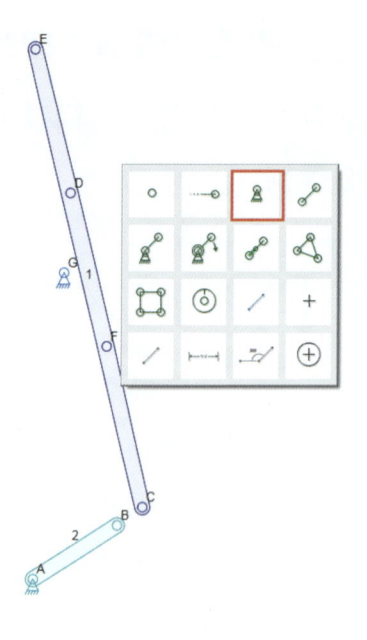

Step4 ▶
【Ctrl】＋複選點 D、F、G，使用整修工具→【Slide】將點 D、F、G 建立 1 個滑塊組。（固定支點 G，滑塊 DF 依循點 G 滑動與擺動）。

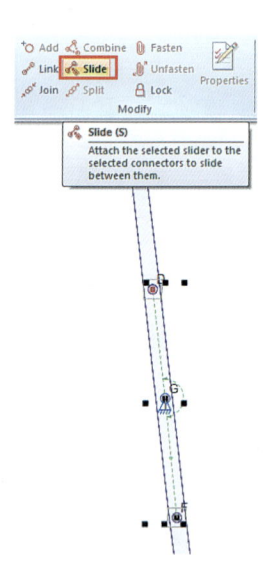

Step5 ▶
按點 A →右鍵→屬性：增加旋轉動力；按點 E →右鍵→屬性：畫出運動路徑。當你按快速鍵【R】動畫模擬，觀察到點 E 畫出滑動與擺動復合的路徑。請再看本範例的圖示，是不是完全一樣？！

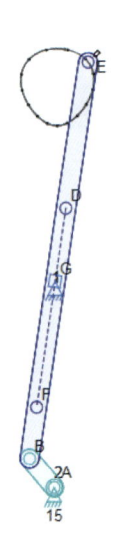

範例 4　4 連桿機構：旋轉滑塊曲柄機構

Step1 ▶

開新檔案，空白處點選滑鼠右鍵→點選 ⊙，增加 1 齒輪。

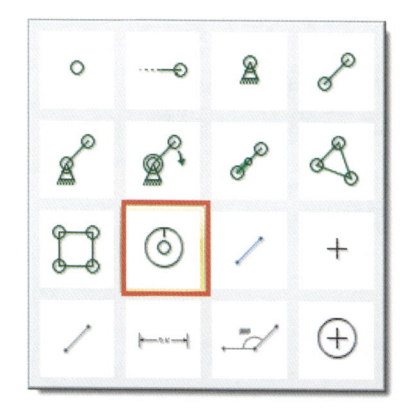

Step2 ▶

將齒輪拖曳到點 A 正上方（可開啟吸附格點），並將軸心 B 更改屬性成為旋轉動力。

這時按【R】執行模擬，可以觀察到齒輪在旋轉。

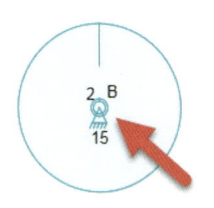

Step3 ▶

空白處按右鍵→點選 ∕，增加 1 連桿。並將連桿拖曳到齒輪表面上。

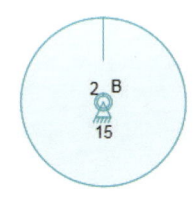

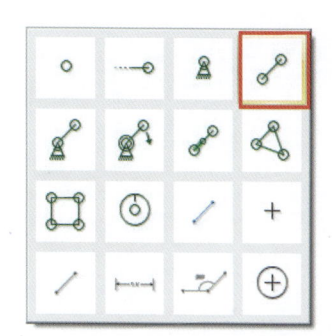

Strawbotics 吸管機器人創意設計

Step4 ▶

按【Ctrl】複選連桿 3 與齒輪，點選整修工具→ Fasten ，將 2 者綁定，連桿 3 會跟著齒輪一起旋轉。你可以按【R】執行模擬，觀察連桿動作。

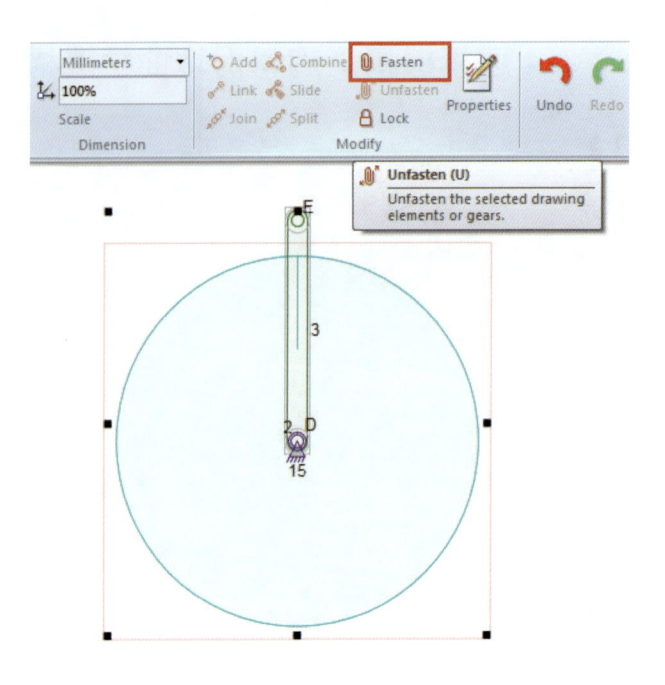

Step5 ▶

空白處按右鍵→點選 ▢ ，增加 1 個 4 連接點的連桿 3。

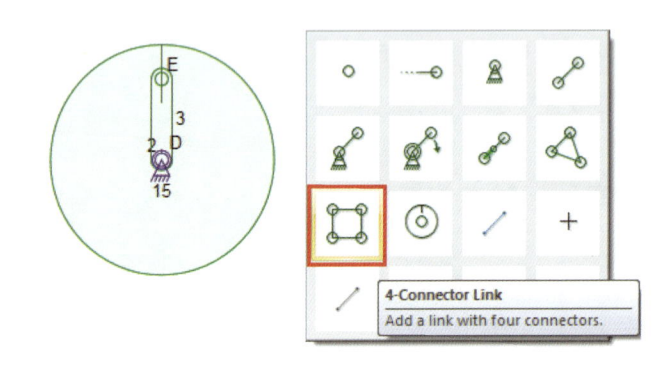

122

Step6 ▶

將連桿3拖曳成直桿，1點與點A連接，點選F、H與連桿2的點E結合成滑塊組。點選G並按右鍵→【屬性】：畫出運動路徑。

Step7 ▶

按快速鍵【R】動畫模擬，齒輪作旋轉運動，點選點G作來回擺動，是否發現點G在回程時速度較快？這便稱為「速歸機構」。請你將點A拖曳接近齒輪，再按快速鍵【R】動畫模擬，看看路徑有什麼改變？

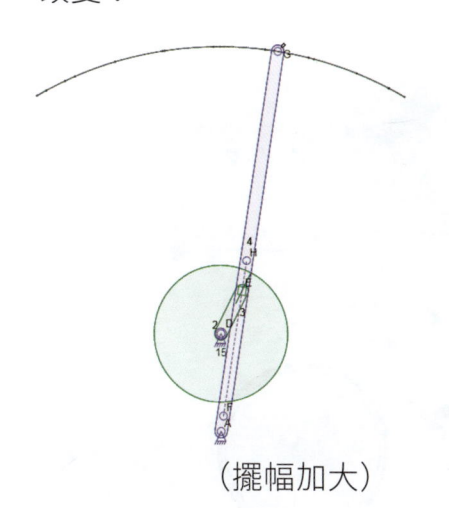

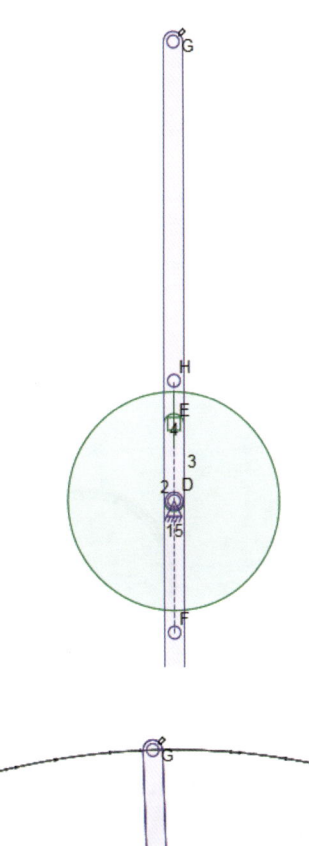

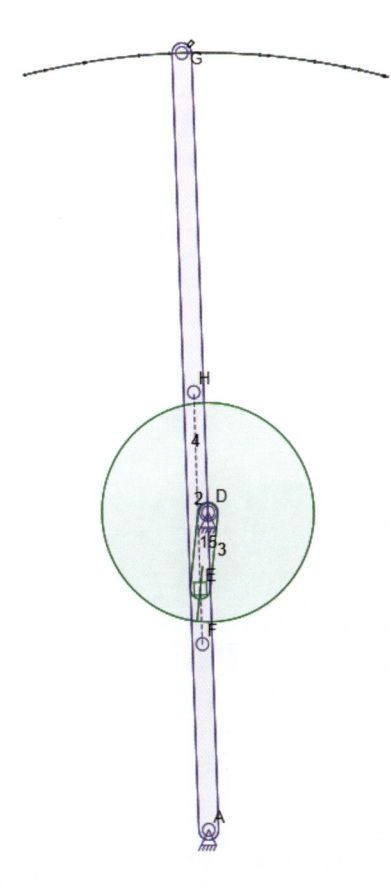

（擺幅加大）

Strawbotics 吸管機器人創意設計

範例 5　騎自行車

本範例說明齒輪、鏈輪與皮帶輪的設計，以及參考圖元的繪製。

Step1 ▶

開新檔案，進入 Linkage 點選【背景工具】，選擇開啟一個圖像檔──騎自行車圖像。

Step2 ▶

空白處按滑鼠右鍵→於元件庫中選擇 ⊕ 畫圓，注意這是參考圓，不是元件。

124

Chapter 5　機構設計與模擬軟體──Linkage

Step3 ▶
變更屬性，設定線寬與顏色，並且拖曳大小與位置，當作頭部的造型。

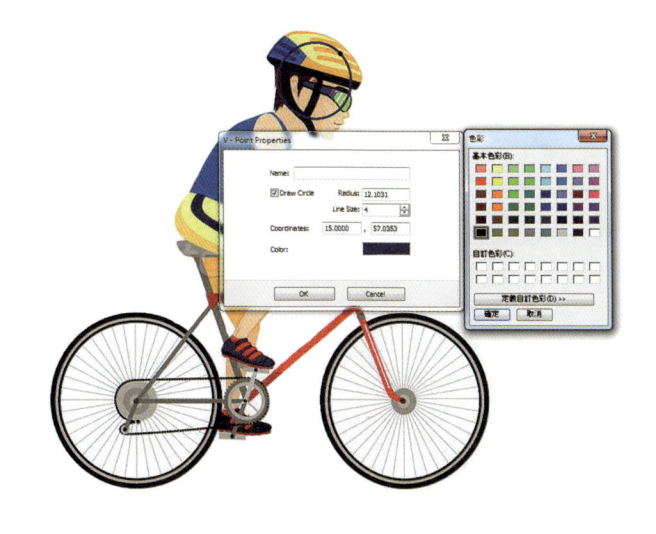

Step4 ▶
重複操作，畫出前後輪胎，輪胎可以使用複製方式產生。

Step5 ▶
空白處按滑鼠右鍵→於元件庫中選擇 ✎ 畫直線，將車架畫出來。關閉背景，可以看到這些參考圖案。

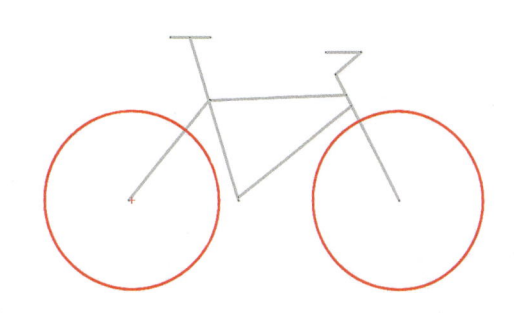

範例 5 騎自行車

125

Strawbotics 吸管機器人創意設計

Step6 ▶
開啟背景，繼續畫出身體的各部分，這時使用連桿功能設計繪製。手與臀部使用固定支點（錨定點）。

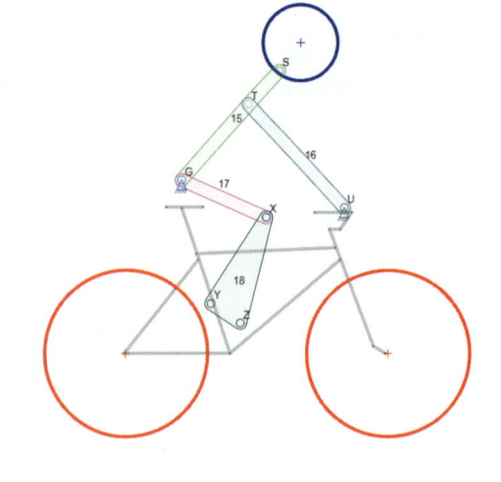

Step7 ▶
空白處按滑鼠右鍵→於元件庫中選擇 ⊙ 畫齒輪，將齒輪中心設為旋轉錨定點，並且拖曳齒輪到踏板的中心處。

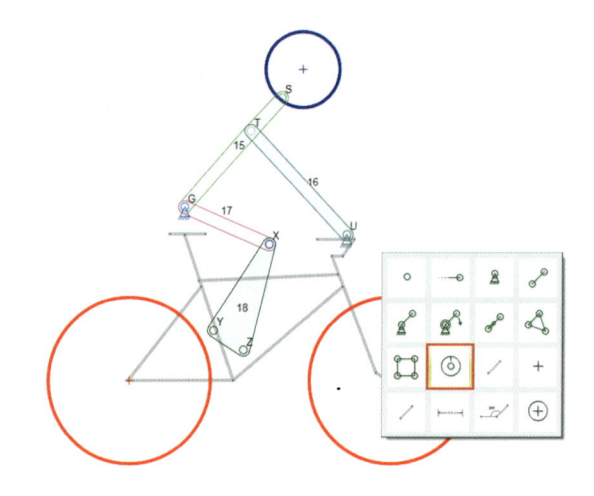

Step8 ▶
繼續畫另一個齒輪，中心設為固定支點，並拖曳到後輪中心處。

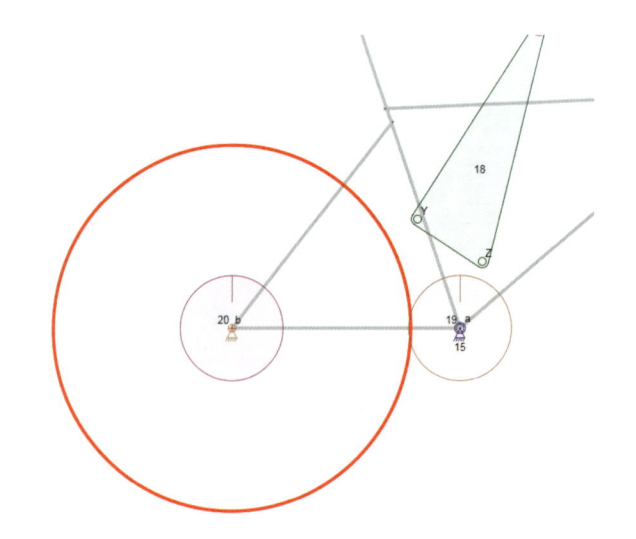

126

Step9 ▶

按【Ctrl】+複選兩鏈輪，在「對齊」選單中找到【 ⚙ Ratio... 齒輪比】：

1. 設定為鏈輪。
2. 輸入輪子的比值。
3. 直接使用輸入值做尺寸，如此才能準確定義鏈輪大小，否則會隨著拖曳改變輪徑大小。

Step10 ▶

空白處點選滑鼠右鍵→於元件庫中選擇 畫連桿，將一連接點與前鏈輪中心連接，並使用 Fasten 將連桿與鏈輪綁定。

Step11 ▶

將踏板與足部連接，按【R】動畫模擬，可以看到腳與踏板的動作，完成單邊的踩踏機構。模擬時如果出現錯誤訊息，請逐一調整連桿長度，檢查連桿的固定點是否正確。

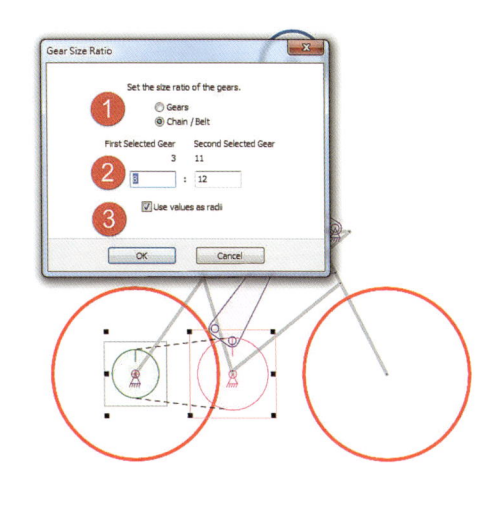

範例 5　騎自行車

127

Strawbotics 吸管機器人創意設計

Step12 ▶

繼續設計另一邊的連桿機構：

1. 將 1.2 連桿使用【Ctrl】+【C】複製，【Ctrl】+【V】貼上。
2. 將踏板的連桿【Add】增加一連接點,並且拖曳到鏈輪對邊。

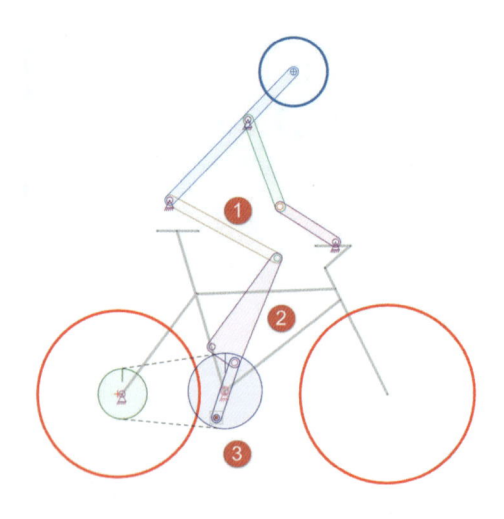

Step13 ▶

將複製的連桿,拖曳與組裝,注意大小尺寸不要變形了。

完成後按【R】動畫模擬。

你可以按快速動畫,自行車將踩得飛快!

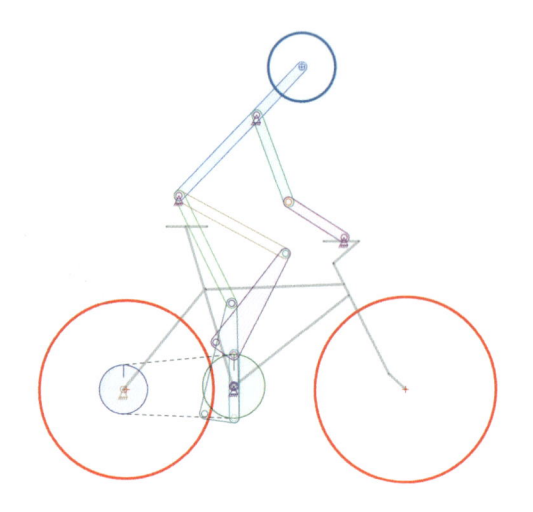

「範例 5：騎自行車」已經使用了 Linkage 大部分的功能,您能順利達標,接下來可以進行自己的機構設計了!

範例 6　六足機器人機構設計

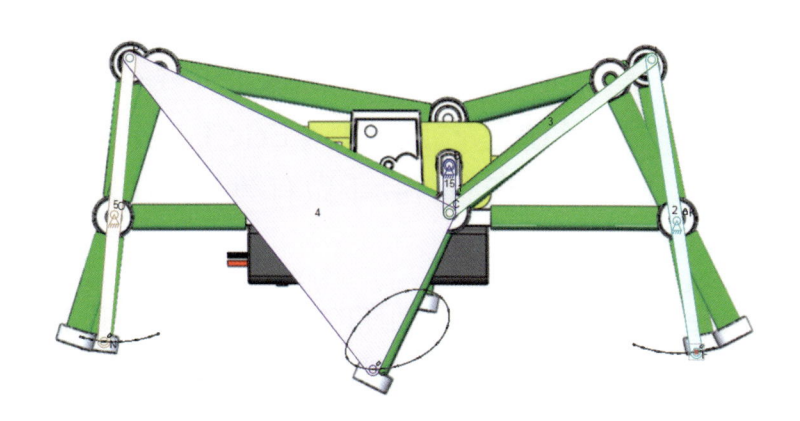

Step1▶

開新檔案,進入 Linkage 點選【背景工具】,選擇開啟一個圖像檔,筆者開啟的是六足機器人的影像,如果你要做其他的機構設計,也可以參考此方式處理。

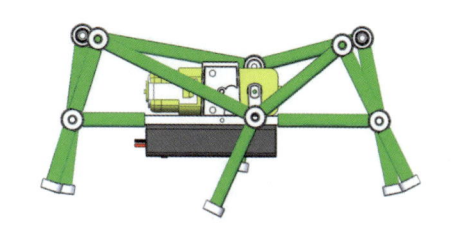

Step2▶

參考前面範例說明,畫出各部分的連桿與適當的支點。曲柄就建立在馬達轉軸上,足部底邊的連接點屬性,設定為畫出運動路徑。

完成,按【R】進行動畫模擬。

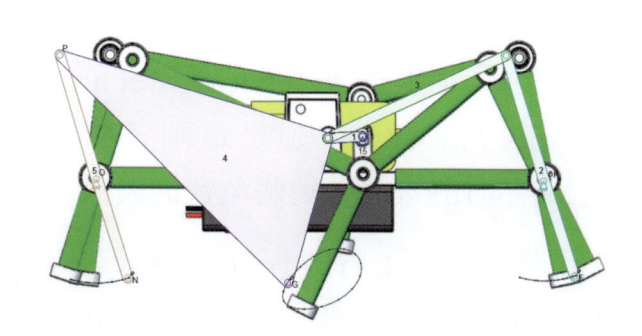

五、從上到下的連動機構設計

「instructables」是由美國麻省理工學院媒體實驗室（MIT Media Lab）輔導、MIT 機械工程博士艾瑞克‧威爾姆（Eric J. Wilhelm）所打造的免費線上教學平台，目的是希望讓所有對動手做有興趣的民眾，能線上免費分享或學習自造自創。

在 instructables 網站許多自造者創作的範例中，其中皮卡丘的連動機構深得筆者喜愛，範例中也詳細說明從圖例到整個連桿設計的步驟，很值得參考！

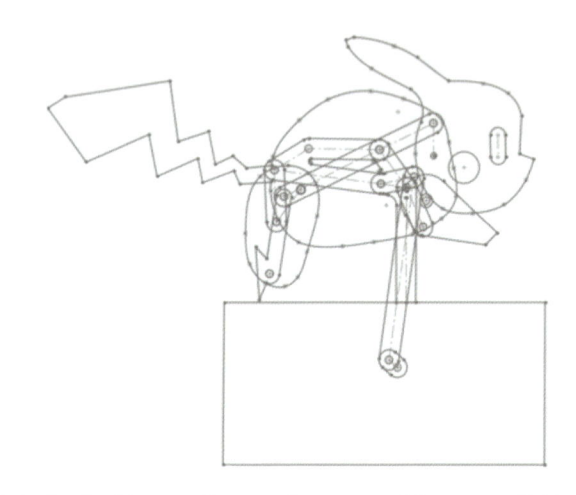

● 圖 5-9　連動機構皮卡丘（https://www.instructables.com/id/Design-of-Automata/）

此範例的設計者使用 SAM Mechanism Designer 機構設計軟體配合 SolidWorks 完成設計，但是這兩者都不是免費的軟體。以下範例介紹以 Linkage 結合 Inkscape 兩個免費的設計軟體，整合完成連動機構的設計。

設計機構，除了各連桿動作設計合乎需求之外，連桿以及連桿造型、尺寸大小都必須能掌握。以下我們使用 Linkage 設計連桿動作，再轉到 Inkscape 去做造型與大小的設計。

Chapter 5　機構設計與模擬軟體──Linkage

範例 7　飛奔的駿馬

（參考自 https://www.youtube.com/watch?reload=9&v=YGoVssO3yEU）

Step1

1. 開啟 Linkage 軟體，開新檔案。
2. 點選【背景工具】，選擇【開啟】。

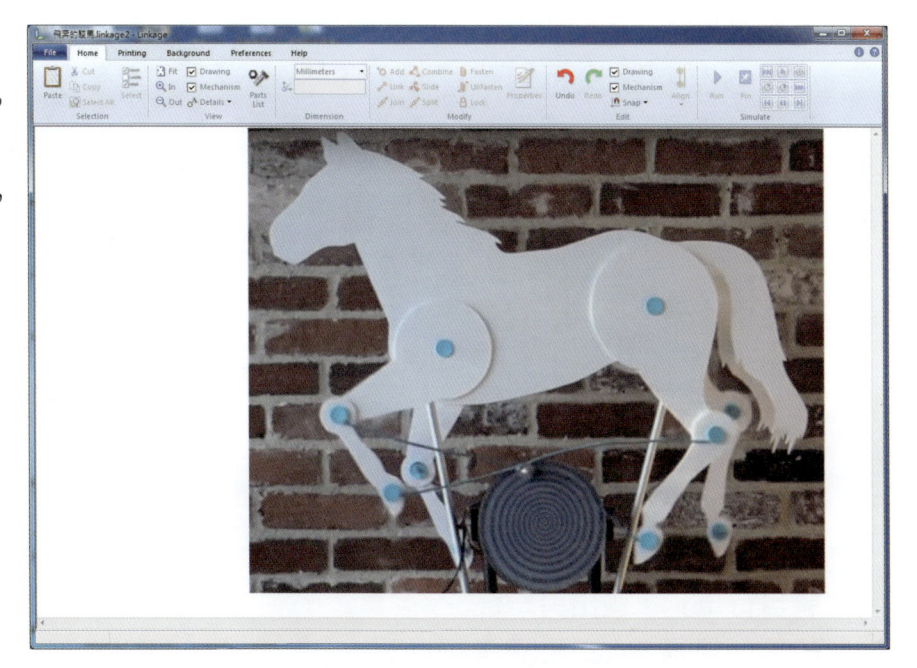

131

Strawbotics 吸管機器人創意設計

Step2 ▶

參考背景圖上的支點,畫出各部分的連桿。

馬的下肢都有 4 連桿牽引,只是這些連桿改變屬性,將 Solid 實體寬選項去除,方便觀察。

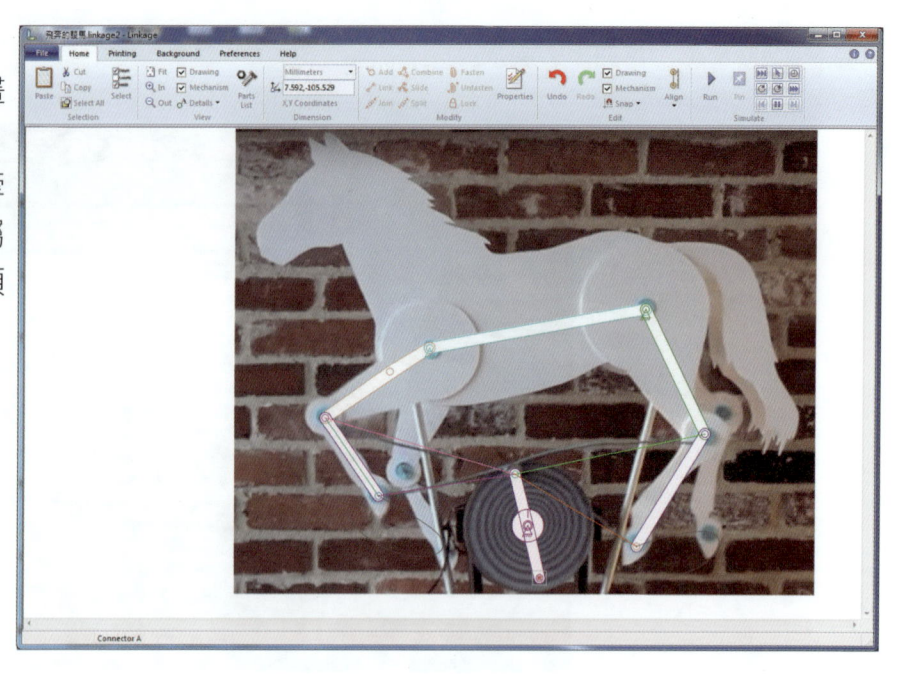

Step3 ▶

選擇畫齒輪,錨定旋轉中心,移至驅動輪位置;再畫一連桿,將一連接點與前鏈輪中心連接,並使用 Fasten 將連桿與鏈輪綁定。

完成單邊的機構,按【R】動畫模擬。

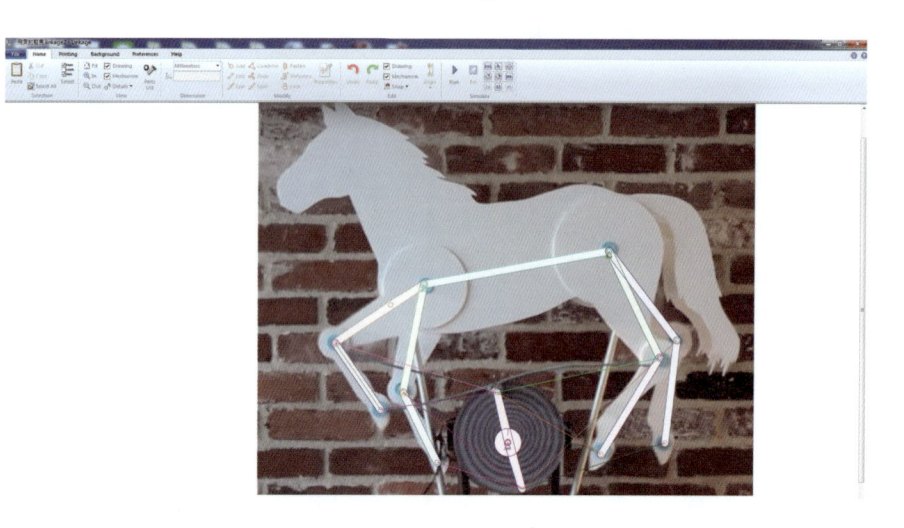

Step4 ▶

關閉背景,參考「範例 6 騎自行車」,畫出另一邊的馬腳機構。4 支馬腳連桿的連接點,將屬性勾選→畫出路徑。再按【R】動畫模擬,檢查兩側運動路徑是否一致。

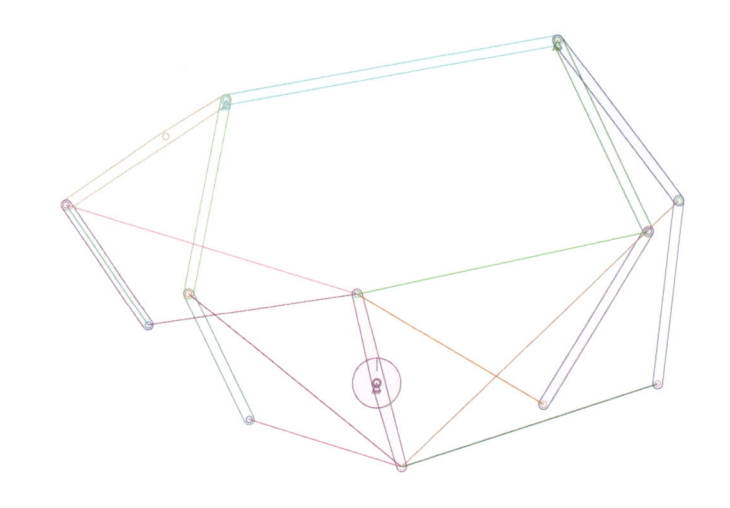

Chapter 5　機構設計與模擬軟體──Linkage

Step5 ▶
確認設計無誤後，打開背景，使用螢幕截圖功能，擷取影像檔，並另存影像檔。

Step6 ▶
檢視功能→開啟自動尺寸標註；找到關鍵的連桿，記錄現有長度，並且依照預定長度，算出比值。
全選所有元件，在對齊功能→【Scale】比例縮放，輸入縮放百分比值。

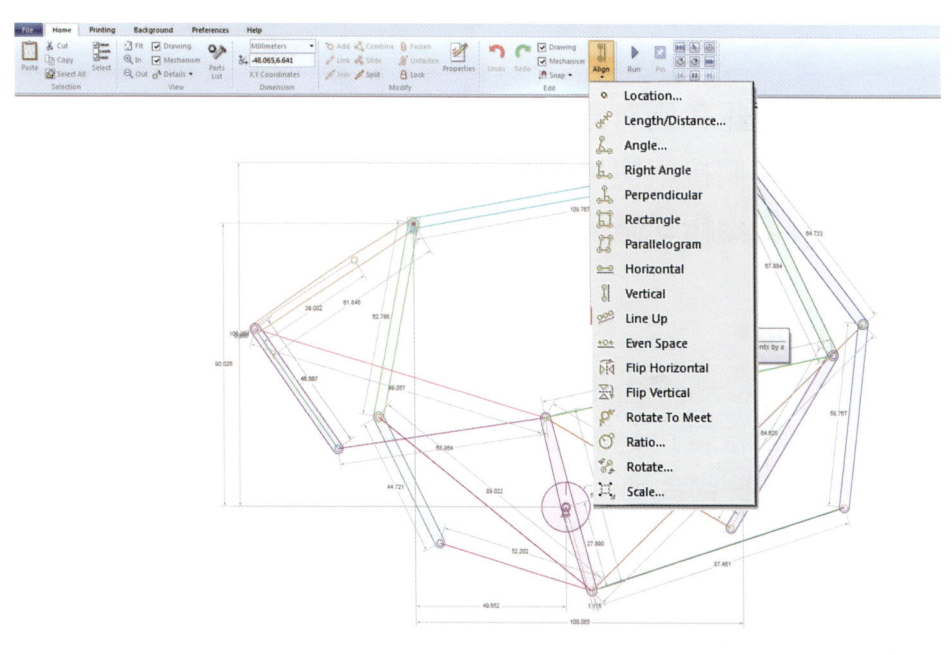

範例 7　飛奔的駿馬

133

Strawbotics 吸管機器人創意設計

Step7 ▶

【檔案 (File)】→【匯出 (Export)】→【匯出 dxf 向量檔 (Export to DXF)】。

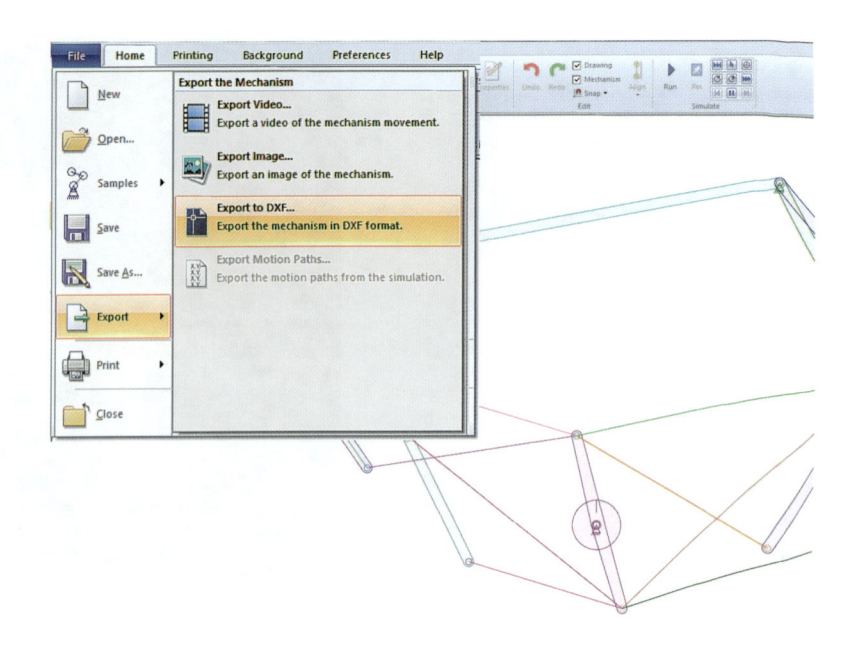

　　到此我們有兩個檔案：一是真實尺寸的向量檔，一是有造型的點陣圖截圖。我們接續使用 Inkscape 來處理真實尺寸與造型。Inkscape 是知名的免費繪圖與編輯軟體，請參考網路免費教材學習使用，在此不再多用篇幅介紹。

Step8 ▶

執行 Inkscape，由於點陣圖與向量圖尺寸不同，請分別開啟截圖的點陣圖與 dxf 向量圖，複製 dxf 向量圖套到截圖的圖層中，使用百分比例 % 去調整點陣圖大小，與向量圖吻合。

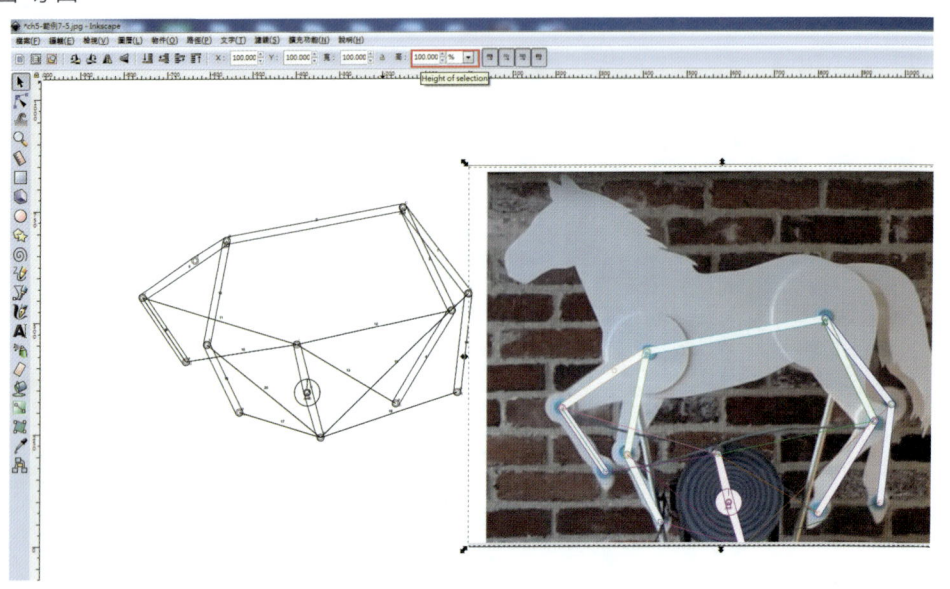

Chapter 5　機構設計與模擬軟體──Linkage

Step9 ▶

在 Inkscape 應用畫圓、直線與貝茲曲線等畫圖功能，畫出機構各連桿的造型。

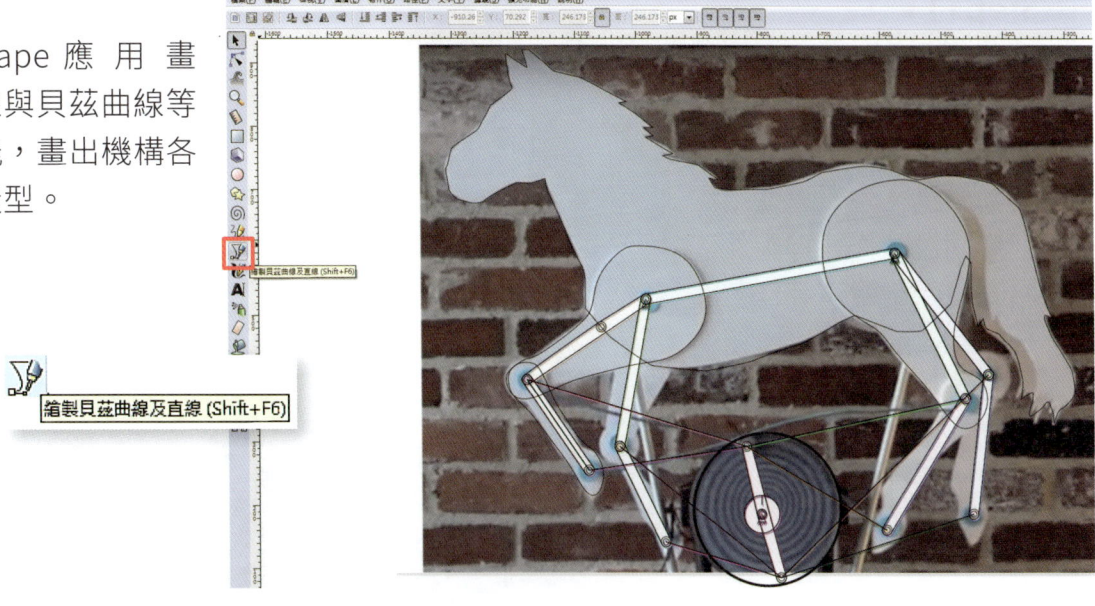

繪製貝茲曲線及直線 (Shift+F6)

Step10 ▶

隱藏原來的點陣圖，刪除不必要的向量線條，另存新檔，存為「dxf 向量圖檔」格式。

經過以上程序，所得到的圖形具有造形與尺寸正確，經過機構模擬確認等，即可繼續製作自己的機構設計。

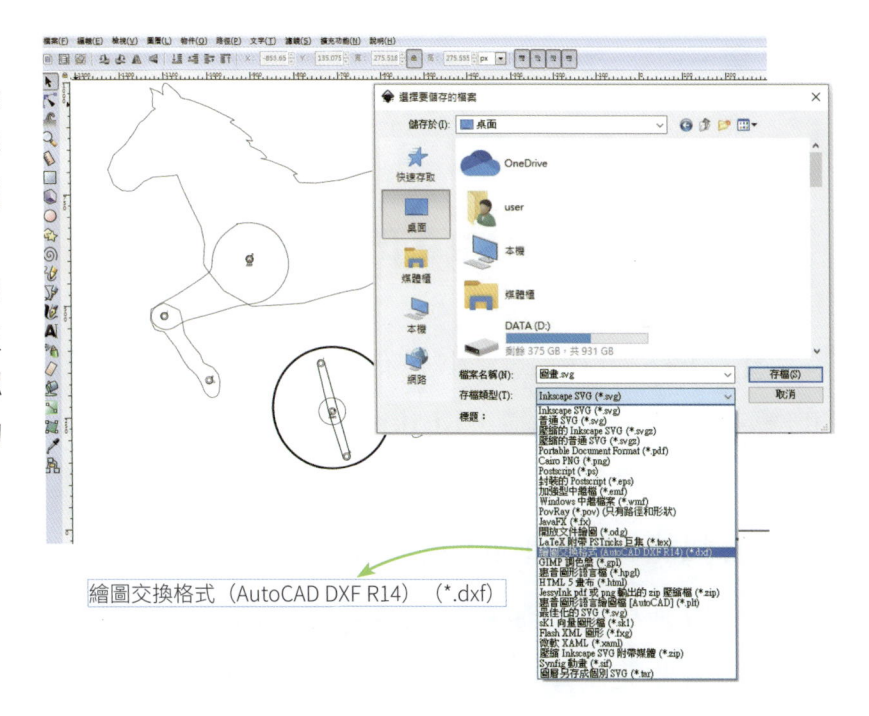

繪圖交換格式（AutoCAD DXF R14）（*.dxf）

範例 7　飛奔的駿馬

135

Step11 ▶

這些圖形可以1：1列印後直接貼在木板上，使用線鋸機鋸切，製作後續的連動機構。也可以使用雷射切割機製作連桿零件。右圖是使用雷切製作各部分零件，配合吸管連接件組裝完成的連動機構。轉動圓盤，可以看到駿馬四足奔跑的樣態。

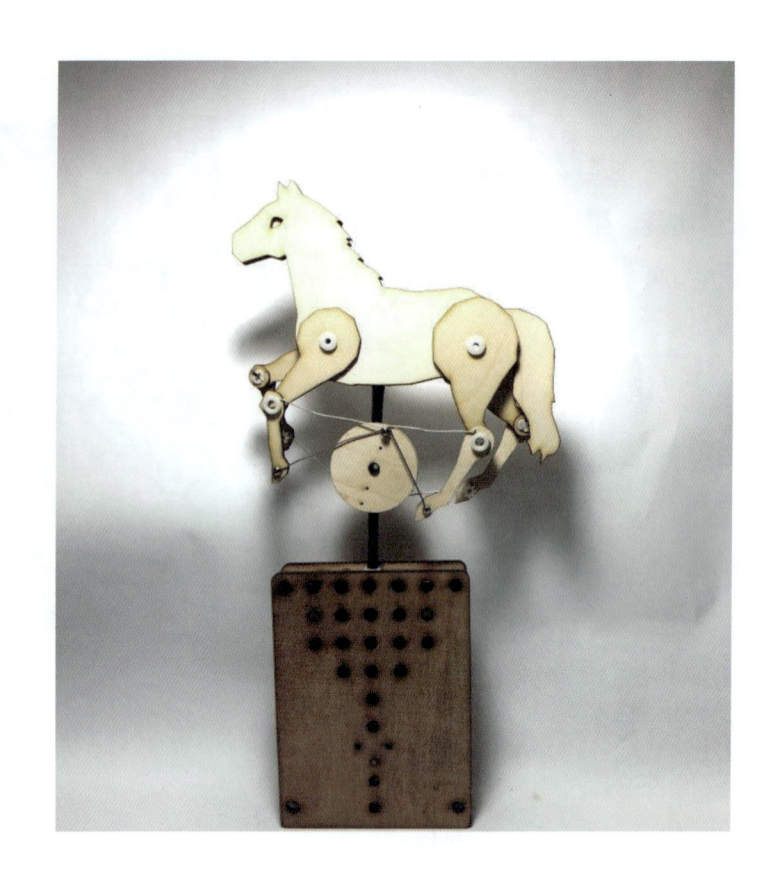

六、Linkage 的使用限制

　　Linkage 的程式大小只有 5M，且其功能已經相當充足，比起價格昂貴的專業工程分析軟體，Linkage 更適合作為機構設計與模擬分析的入門學習軟體使用。雖然 Linkage 操作簡單、容易上手，但它仍有以下限制：

1. 只能做 2D 平面的連桿設計與分析。

2. 以數學方式運算，適用連桿機構分析，以及齒輪系的運動分析。對於需要使用重力、彈力、碰撞等物理性質的運算，例如凸輪的機構分析則不適用。

3. 連桿機構中的平行曲柄連桿機構，因為瞬時中心無限遠，運算 360 度後，運動模式無法確動，這部分可使用同直徑鏈輪取代平行曲柄。

4. 對於連桿設計的錯誤，軟體並沒有直接提示錯誤為何？需要逐步去除錯。

附錄

中華民國專利證書

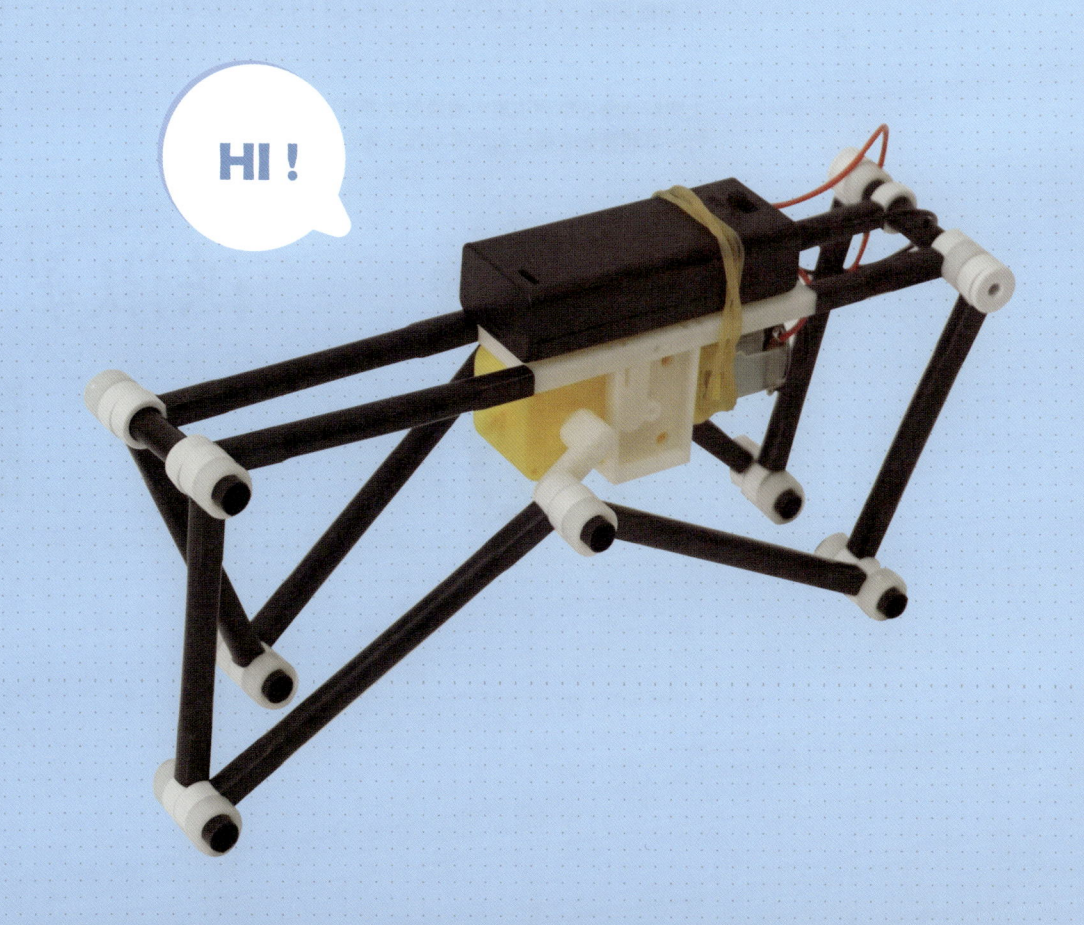

中華民國專利證書

新型第　M578447　號

新　型　名　稱：吸管之科學玩具與教具之連接件組

專　利　權　人：賴鴻州

新型創作人：林啟政、賴鴻州

專利權期間：自2019年5月21日至2029年1月17日止

上開新型業依專利法規定通過形式審查取得專利權
行使專利權如未提示新型專利技術報告不得進行警告

經濟部智慧財產局 局長　洪淑敏

中華民國　108　年　5　月　21　日

注意：專利權人未依法繳納年費者，其專利權自原繳費期限屆滿後消滅。

附註　吸管機器人專利新型第 M578447 號，新型名稱：吸管之科學玩具與教具之連接件組。

iPOE 盒裝系列

Strawbotics 吸管機器人創意設計 － 學機構設計與機電整合原理（精裝版）
吸管機器人十合一創意組合包

產品編號：RB603
建議售價：$880

吸管機器人 (Strawbotics) 採用開放的結構件配合吸管與簡易的控制模式應用，可以輕鬆組裝與改變，隨著創造發想，方便擴充使用。吸管機器人十合一創意組合包，你可以藉由輕課程教材的學習，創作出 10 種不同的創意作品。

內容物

Maker 教具
吸管機器人
十合一創意組合包

＋

Maker 指定教材
Strawbotics 吸管機器人創意設計 －
學機構設計與機電整合原理
書號：PN015
作者：賴鴻州

組裝可變化 10 款吸管機器人外型

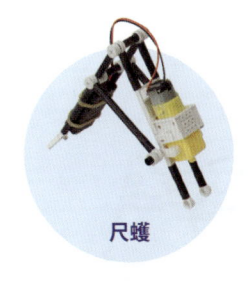

- 尺蠖
- 四足行走機器人 -L 形連桿
- 四足行走機器人 -M 形連桿 
- 戰鬥蝸牛 
- 蟲蟲危機 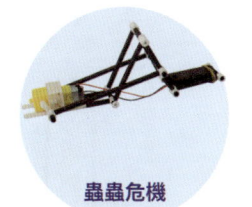
- 爬竿猴子 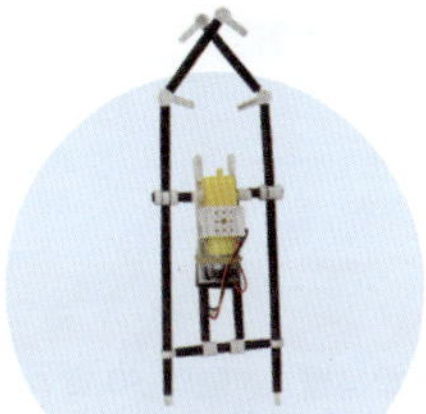
- 四足行走機器人 - 交叉連桿 
- 二足行走機器人 - 太空漫步 
- 不倒翁 
- 六足行走機器人 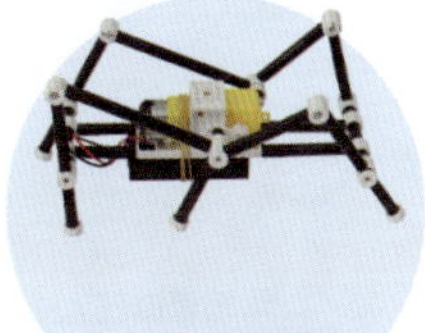

※ 價格 ・ 規格僅供參考　依實際報價為準

勁園・紅動　www.ipoemaker.com

諮詢專線：02-2908-5945 或洽轄區業務
歡迎辦理師資研習課程

吸管機器人 - 十合一教具箱

產品編號：3037007
建議售價：$800

吸管機器人（Strawbotics）採用開放的結構件，配合吸管與簡易的控制模式應用，可輕鬆組裝與改變吸管機器人，更能隨著使用者的創造發想擴充使用；將容易取得吸管為素材，結合基礎傳動連接零件，達成學習機構與結構的設計、機電整合原理、機電設計與應用等目標。

Maker 指定教材

Strawbotics 吸管機器人創意設計 - 學機構設計與機電整合原理
書號：PN015
作者：賴鴻州
建議售價：$300

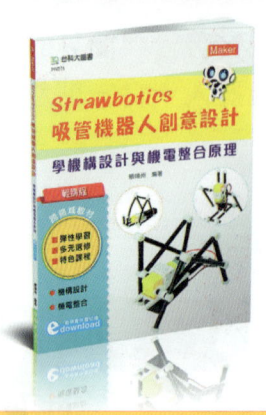

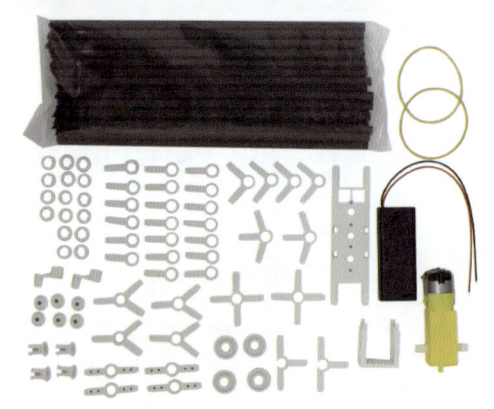

產品規格

項目	內容
動力元件	TT 馬達、TT 馬達盒、帶開關電池盒 (AAA×2)；共 3 類
連結元件	O 環、馬達驅動臂、2 叉 90 度接頭、3 叉 90 度接頭、2 叉 180 度接頭、端面扣釘、1 叉接頭、4 叉接頭、3 叉 144 度接頭、3 叉 72 度接頭、關節扣釘；共 11 類
傳動元件	滾輪 16mm
配件	6mm 吸管 30 支
收納箱	塑膠製（250mm 寬 x 137mm 深 x 129mm 高）

※ 每一款模型約需要 5 支吸管組成，單一模型組裝時間約 40 分鐘 / 台；熟練者組裝 15 分鐘 / 台；商品不含電池。
※ 可另外選購吸管機器人補充包。

組裝可變化 10 款吸管機器人外型

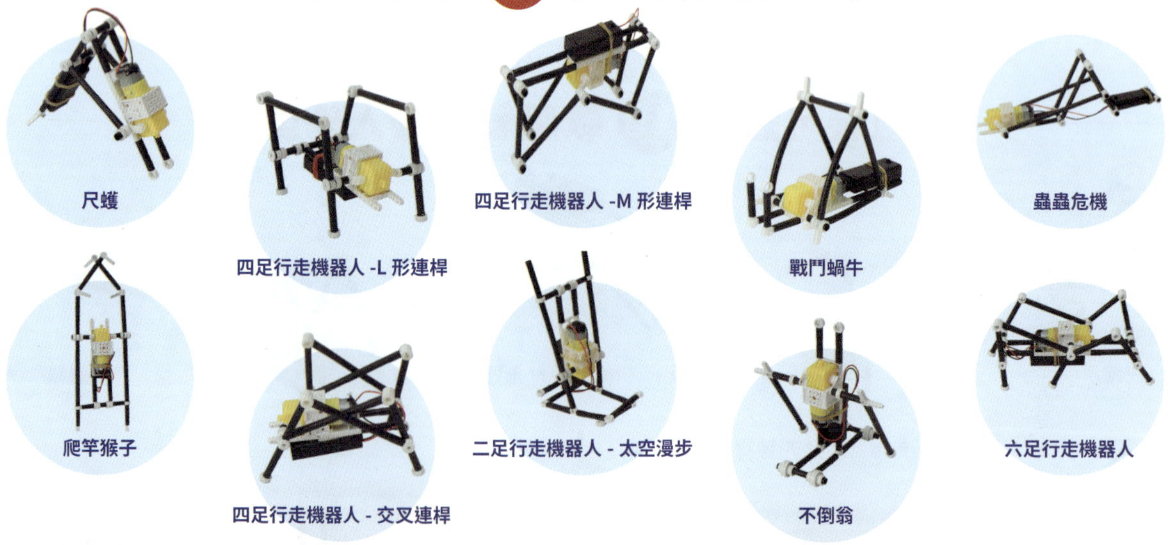

- 尺蠖
- 四足行走機器人 -L 形連桿
- 四足行走機器人 -M 形連桿
- 戰鬥蝸牛
- 蟲蟲危機
- 爬竿猴子
- 四足行走機器人 - 交叉連桿
- 二足行走機器人 - 太空漫步
- 不倒翁
- 六足行走機器人

吸管機器人 - 套件包系列

產品名稱	吸管機器人 - 六足獸套件包	吸管機器人 - 太空漫步套件包	吸管機器人 - 不倒翁套件包	吸管機器人 - 四足獸（交叉連桿）套件包	吸管機器人 - 吸管 50 支 / 包
	產品編號：3037002 建議售價：$350	產品編號：3037003 建議售價：$250	產品編號：3037004 建議售價：$250	產品編號：3037005 建議售價：$300	產品編號：3037006 建議售價：$40
產品規格	TT 馬達、帶開關電池盒（AAA×2）；連結元件 7 款	TT 馬達、帶開關電池盒（AAA×2）；連結元件 6 款	TT 馬達、帶開關電池盒（AAA×2）；連結元件 5 款；傳動元件 1 款	TT 馬達、帶開關電池盒（AAA×2）；連結元件 6 款	6mm 吸管 ×50 支

※ 套件包不含吸管、電池。

※ 價格、規格僅供參考　依實際報價為準

勁園・紅動　www.ipoemaker.com
諮詢專線：02-2908-5945 或洽轄區業務
歡迎辦理師資研習課程